餐飲店的賺錢數字

儲かる飲食店の数字

好手藝、好服務還要懂算術，
讓你點「食」成金的 **42** 堂數字管理課

河野祐治 著

林欣儀 譯

企畫叢書 FP2231X

餐飲店的賺錢數字

好手藝、好服務還要懂算術，讓你點「食」成金的42堂數字管理課

作　　　者	河野祐治
譯　　　者	林欣儀
編 輯 總 監	劉麗真
責 任 編 輯	林詠心（一版）、謝至平（二版）
行 銷 企 劃	陳彩玉、薛綸、陳紫晴

發 　 行 　 人	涂玉雲
總 　 經 　 理	陳逸瑛
出 　 　 　 版	臉譜出版
	城邦文化事業股份有限公司
	台北市中山區民生東路二段141號5樓
	電話：886-2-25007696　傳真：886-2-25001952
發 　 　 　 行	英屬蓋曼群島商家庭傳媒股份有限公司城邦分公司
	台北市中山區民生東路141號11樓
	客服專線：02-25007718；25007719
	24小時傳真專線：02-25001990；25001991
	服務時間：週一至週五上午09:30-12:00；下午13:30-17:00
	劃撥帳號：19863813　戶名：書虫股份有限公司
	讀者服務信箱：service@readingclub.com.tw
	城邦網址：http://www.cite.com.tw
香港發行所	城邦（香港）出版集團有限公司
	香港灣仔駱克道193號東超商業中心1樓
	電話：852-25086231　傳真：852-25789337
馬新發行所	城邦（新、馬）出版集團
	Cite（M）Sdn. Bhd.（458372U）
	41-3, Jalan Radin Anum, Bandar Baru Sri Petaling,
	57000 Kuala Lumpur, Malaysia.
	電話：+6(03)-90563833　傳真：+6(03)-90576622
	電子信箱：services@cite.my
二版一刷	2019年11月

城邦讀書花園
www.cite.com.tw

ISBN 978-986-235-786-6
版權所有・翻印必究（Printed in Taiwan）

售價：280元
（本書如有缺頁、破損、倒裝，請寄回更換）

前言

　　根據日本總務省的資料顯示，日本餐飲店數量在一九九一年達到顛峰，為八十五萬家，到二〇〇六年則減少至六十五萬家。但在這段期間中，大型連鎖店的總店數不斷增加，代表中小型獨立餐飲店關門的數量，超過二十萬以上。

　　有人觀察餐飲店開業歇業的數字，指出最近幾年來每年都有五萬家餐飲店開張，但有六萬家倒閉。也就是說，每年會減少一萬家，大概是所有店家的一成，並持續以這個比例汰舊換新；而且新開幕的餐飲店中，有七到八成會在開幕三年內倒閉。能夠撐過三年以上的餐飲店約為兩三成，而撐不過三年的餐飲店則是一代新人換舊人，至於能撐過十年的餐飲店，更只有一成左右。

　　為什麼七到八成的餐飲店會在三年內關門大吉？簡單一句話，因為開餐飲店的人，比其他產業更缺乏規畫。若我們觀察關門大吉的餐飲店有何傾向，大致可歸類出以下三種模式。

　　①「豪邁海派！討厭數字的腰包記帳型」

②「好運矇到而不持久的直覺計算型」

③「拚命三郎卻不得要領的努力型」

根據我長年以來擔任餐飲業顧問的經驗，倒閉的最大原因正是第一類的「豪邁海派！討厭數字的腰包記帳型」經營法。明明生意興隆，卻總是陷入「錢怎麼都存不住」「付款付不出來」的窘境。對經營、財務數字的錯誤認知甚至漠不關心，將打碎經營人的辛勞。

有人會說「做生意不是算術，做生意就是要真心對待客人……」，這我當然贊成。其實算術跟真心都是正確答案，但是碰到之前所提的現實窘境，抽象的心靈建言並無法拯救一家店。

我已經看過許多努力研發菜色，想花招提升營業額，卻忽略了營運數字，而不得不關門的餐飲店。若各位餐飲店的經營人、老闆們會購閱本書，必定是不想碰到相同的經驗吧。

其實餐飲業要成功，只有以下兩個重點，能做到的話，自然成功。

①具有簡單又迷人的「概念」

②擅長「數字」

第一點的「概念」，是經營不可或缺的元素，無論經營模式、待客模式，甚至包含店面設計，都建立在概念的基礎之上。

第二點的「數字」，關鍵在於確實掌握、精確管理店面營業額、支出、收支細項。「數字」之中需要管理的項目，就是「獲利率」與「FLR成本」。獲利率表示獲利能力，以及投資回收比例，而餐飲業的獲利能力則幾乎取決於三大成本（F＝成本、L＝人事費、R＝租金）。

本書將詳細說明最關鍵的「概念」與「數字」，以及「獲利率」與「FLR成本」。本書的目的並非要讀者「學算術」。而是希望讀者能掌握賺錢的重點，避免因為缺乏知識而遭逢困境。

請各位讀者透過對數字的理解，邁出開業賺大錢的第一步。若各位能從本書中發現任何經營店面的靈感，便是我的榮幸。

二〇一〇年十二月

餐飲業製作人 河野 祐治（餐飲店興隆會）

CONTENTS

第1章

習慣數字
才是賺錢的餐飲店
辦不到這點就一切免談

第2章

掌握跟「賺錢」有關的數字

對利潤・經費的基本思維

CONTENTS

第3章

掌握能提升營業額與利潤的數字！
分析客層與有效攬客方法

CONTENTS

挑選設備機器要重視運轉成本！

座位：廚房（含其他面積）為6：4～7：3

第5章

了解庫存與
進貨的數字
精確掌握下單時機與庫存量的訣竅

餐飲店缺貨便攸關存亡

保存期限短的材料應如何處理？

觀察點餐頻率來決定庫存

保持一定庫存量的「定量下單方式」

於固定日期採購必要分量的「定期下單方式」

文末資料

餐飲店數字
所用的表格
掌握基本數字，並填入自家的數字

第**1**章

習慣數字
才是賺錢的餐飲店

辦不到這點就一切免談

1-1 餐飲業界超嚴酷!?
顧客都在哪!?

在說明經營店面必須了解的數字之前，首先讓我們看看目前日本餐飲業界的現狀。

📇 外食市場逐漸縮小

根據食品安全安心基金會附屬機構「外食產業綜合調查研究中心」的發表內容，日本外食市場規模於一九九七年達到頂峰，共29兆702億日圓，而後逐年遞減，於二〇〇三年僅剩23兆9156億日圓。尤其以居酒屋、酒吧等「酒館」衰退特別明顯。

📇 餐飲店逐漸偏向「外用」

另一方面，外帶便當店、小吃店，以外帶為主的家庭餐廳等「餐點零售業」，市場規模則從一九九七年的4兆3000億日圓成長至二〇〇九年的6兆858億日圓。由數字來看，買飯菜回家吃的「外帶族」越來越多，在店裡用餐的人則越來越少。並非用餐的次數或分量減少，而是用餐方式改變了。

有些店面經營人看到這個趨勢，便認為「果然如此，難

怪我開店都賺不到錢」「沒辦法，這就是時代潮流啊……」
等等。

　　先不提那些受景氣影響較深的大型企業（當然也有經營
穩健的大型企業），這個趨勢對於中小型，尤其是個人經營
的餐飲店其實沒有太大影響。即使是衰退最嚴重的「酒館類
餐廳」，也有很多生意興隆的例子。

　　即使外食人數減少，也並非完全消失。可能一個月外食
五次減為三次之類。店家不是屬於剩下的五分之三，就是屬
於少掉的五分之二。個人餐飲店若屬於那五分之二，代表跟
顧客的交情不過爾爾。

　　對個人餐飲店來說，以收據營業額（公司交際應酬花
費）為主要收入的店家，確實正面臨嚴峻挑戰；但這也代表
顧客認為「如果不是公司出錢，我就不想掏腰包上你的店」。

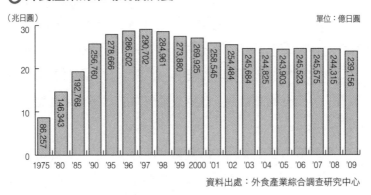

◎ 外食產業的市場規模演變

（兆日圓）　　　　　　　　　　　　　　　　　單位：億日圓

1975	86,257
'80	146,343
'85	192,768
'90	256,760
'95	278,666
'96	286,502
'97	290,702
'98	284,961
'99	273,880
2000	269,925
'01	258,545
'02	254,484
'03	245,684
'04	244,825
'05	243,903
'06	245,523
'07	245,575
'08	244,315
'09	239,156

資料出處：外食產業綜合調查研究中心

1-2 中小型個人餐飲店容易倒閉？

餐飲業是何種生意？

請先清楚了解餐飲業的特徵。

> **餐飲業特徵**
> ①開店三年後的生存率僅二到三成
> ②有好有壞的現金交易
> ③以往皆是「被動生意」
> （顧客上門才有生意，不善宣傳。）
> ④貸款依賴度最高

前言已經對①做過說明，在日本開一家中小型個人餐飲店，有七到八成會在三年內倒閉。主因就是經營缺乏計畫性。可以看到很多例子是完全沒有事前規畫就開店了。

餐飲業是隨處可見的生意，自然讓人認為不需要預測或規畫，只要有創業資金，任何人都能開店。而結果就是大量的失敗。

至於②，現金交易的好處當然是資金回收狀態健全。提

供餐點與服務之後，只要沒有特殊狀況，幾乎都是當天當場向顧客收取現金。

　　其實只要有計畫的經營管理，餐飲業是很難倒閉的產業。畢竟餐飲業的強項就是「現金交易」，營業額可以直接用來付款。

　　而理所當然的，現金交易的營業額也是現金。也就是要維持營業額的「收入」在先，付款的「支出」在後。向顧客收取現金之後，再繳交材料進貨費、水電燃料費、租金等費用即可。

　　另一方面，製造業與營建業的現金流則剛好相反。先產生付款等「支出」，才有營業額的「收入」。有時甚至要等上三個月、半年才能入帳。由於先有「支出」，因此必須具備營運資金；就這點來說，餐飲業確實比其他產業更迷人。餐飲業可以靠「收入」的現金來支付「支出」，也就沒有營運資金的概念。

　　然而，這項優點有時也會成為缺點。其他產業必須準備營運資金，所以特別注意資金調度，但餐飲業卻不太在乎這點，容易演變為「腰包記帳」的模式。就算碰上「最近帳面不太好看」「營業額越來越糟」「錢快繳不出來」的狀況，也會因為現金交易的方便性，而誤以為「船到橋頭自然直」。

　　大多數經營者都太晚發現事情的嚴重性，以至於發現危

◎ 餐飲業與其他產業之間的差異與風險

餐飲業採用現金交易，
一旦發現資金周轉不靈，通常已經太遲

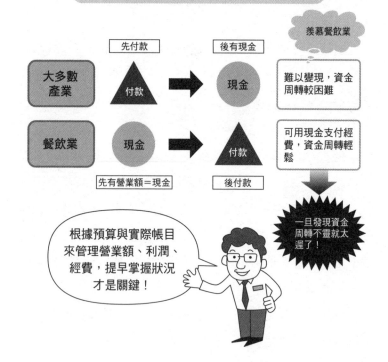

羨慕餐飲業

	先付款		後有現金
大多數產業	付款	→	現金

難以變現，資金周轉較困難

餐飲業	現金	→	付款

可用現金支付經費，資金周轉輕鬆

先有營業額＝現金　　　後付款

一旦發現資金周轉不靈就太遲了！

根據預算與實際帳目來管理營業額、利潤、經費，提早掌握狀況才是關鍵！

險的時候，通常已經無法挽回了。

再重申一次，經營餐飲店只要資金循環正常，回收現金也很快。但若忘記之後要繳交的費用，變成過一天算一天的腰包記帳，很可能因為收支不平衡而陷入經營散漫危機。

在講解③之前，先來看看④貸款依賴度最高這一點。餐飲業界的自有資本比約8％，是所有產業中最低的。自有資本比低，代表貸款比高。貸款一高，每個月的本利負擔就沉重，只要營業額稍微下滑，財務體質便會一口氣惡化。

📱六成餐飲店什麼也沒做

有關③被動生意，是因為餐飲店基本上要有顧客上門，才能產生營業額。餐飲業與零售業不同，光看展示食品也看不出口味，因此很容易形成「被動」態度。尤其是中小型個人餐飲店特別被動，也是營業額拉不上去的主因之一。

《日經MJ》的報導中提到「有60％的餐飲店完全沒有舉辦歡送、歡迎會的準備」「甚至只有一成餐飲店有提供拍攝紀念照之類的簡單服務」（二〇一〇年三月二十六日刊）。

我想除了歡迎歡送會之外，針對其他活動的準備比例應該也不高。大多數餐飲店整天喊著營業額差，卻什麼也不做（或是不知從何做起），只會怨天尤人，求神拜佛。店裡業績

不好，全都推給景氣與命運等外在因素，從早抱怨到晚。

　　只要稍微做些努力，必能掌握攬客先機；但是「方向錯誤的努力」，做再多也得不到回報。

1-3 別被表面的營業額、利潤所矇蔽

📱 A店與B店，哪家才真的有賺錢？

現在日本利率極低，銀行活存利率只有0.09%左右，定存也只有0.4%上下（各金融機構稍有不同）。這就是日本目前的利率現狀。以此為前提，來假設A店與B店的情況。

◎ 哪家店比較賺錢？

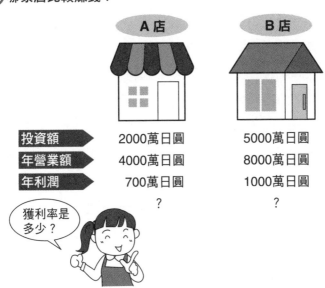

	A店	B店
投資額	2000萬日圓	5000萬日圓
年營業額	4000萬日圓	8000萬日圓
年利潤	700萬日圓	1000萬日圓
	?	?

獲利率是多少？

A店投資2000萬日圓，一年營業額4000萬日圓，利潤為700萬日圓。另一方面B店投資5000萬日圓，年營業額8000萬日圓，利潤1000萬日圓。

單就數字來看，A店的年利潤為700萬日圓，B店為1000萬日圓，因此B店賺得比較多。但若計算利潤對投資額的獲利率，A店投資2000萬日圓得到700萬日圓的利潤，因此獲利率是35%（700萬÷2000萬×100），B店投資5000萬日圓得到1000萬日圓的利潤，因此獲利率是20%（1000萬÷5000萬×100）。若觀察獲利率，A店就比B店要好。獲利率表示獲利能力，也表示投資的回收比例。

讓我們看看這是怎麼回事。為了方便說明，假設投資金額全都以利潤回收，且不考慮貸款利息。

A店的獲利率為35%，所以回收率是2.9年（100%÷35%）；B店的利率是20%，回收率為5年（100%÷20%）。也就是A店的回收速度比B店要快。獲利率20%只是最低目標，但即使如此也要花5年才能回收。因此B店雖然達成了最低目標，但A店的獲利能力與回收率更高。我在打造餐飲店的時候，總以30%的獲利率為目標。大約3年就要回收投資成本。

所謂「暴利」指的是獲利率40%（2.5年即可回收）以上，甚至有人的獲利率達到100%（1年就可回收）！

賺錢型態的獲利率是多少？

賺錢型態 ＝ 獲利率高，
最少20%以上 →40%以上便是暴利

　　有個名詞稱為型態力，代表該型態的獲利能力高低，特許經營權的權利金便是以此來估價。另外也有每坪營業額、每座位營業額等估價指標，但這兩種指標並未考慮投資，會產生投資效率問題，不一定與獲利能力成正比。

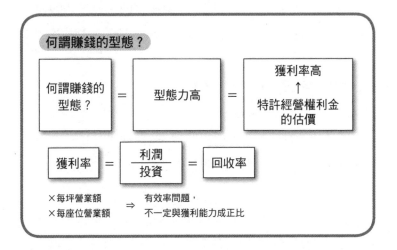

何謂賺錢的型態？

| 何謂賺錢的型態？ | ＝ | 型態力高 | ＝ | 獲利率高 ↑ 特許經營權利金 的估價 |

獲利率 ＝ 利潤／投資 ＝ 回收率

×每坪營業額
×每座位營業額 ⇒ 有效率問題，不一定與獲利能力成正比

　　獲利率算式「獲利率＝利潤÷投資」屬於分數式，因此可分解為「利潤／投資＝（　　）／投資×利潤／（　　）」括弧中無論是什麼都會被約分，結果依然不變。若括弧中

填入營業額，算式便成為「利潤／投資＝（營業額）／投資×利潤／（營業額）」，「（營業額）／投資」代表周轉率。A店投資2000萬日圓，營業額4000萬日圓，等於周轉兩次（4000萬÷2000萬）；B店投資5000萬日圓，營業額8000萬日圓，等於周轉1.6次（8000萬÷5000萬）。也就是說A店周轉率較高（投資效率較高）。

另一方面，「利潤/（營業額）」則是利潤率。A店營業額4000萬日圓，利潤700萬日圓，利潤率為17.5%（700萬÷4000萬×100）；B店營業額8000萬日圓，利潤1000萬日圓，利潤率為12.5%（1000萬÷8000萬×100）。利潤率也是A店較高。

獲利率就是周轉率乘上利潤率。

A店＝周轉率2次 × 利潤率17.5% ＝獲利率35%
B店＝周轉率1.6次 × 利潤率12.5% ＝獲利率20%

既然是分數計算，重點自然是縮小分母、放大分子。也就是提高利潤與營業額（營業額是分子也是分母，但既然是分子，當然要放大），同時減少投資。

想增加獲利率，方法在於放大利潤與營業額，以及減少投資，但失敗的例子卻屢見不鮮。失敗原因通常是過分注重

減少投資。投資目的在於創造營業額；營業額在某種程度上與投資額成正比。若過度堅持減少投資，造成營業額降低，便毫無意義。重點在於「如何維持營業額，並盡量減少投資」。

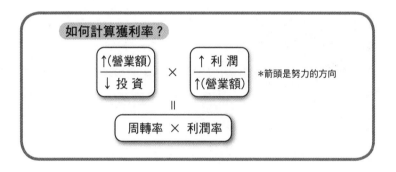

1-4 規畫階段的數字有賺錢嗎？

📟 開店前的準備階段是關鍵！

在開店前的準備階段中，最重要的就是規畫出一組數字，足以讓自己相信「這樣肯定沒問題！」若準備階段不夠慎重，將造成致命的失誤。

具體來說，判斷標準在於是否能達成20%以上的獲利率（最好在30%以上）。若在事業規畫階段都無法實現這個目標，之後經營店面必定難以成功。

前面提過，獲利率取決於「利潤」「營業額」「投資」三者的關係。

想提高獲利率，放大利潤自然重要，而餐飲業的利潤幾乎取決於「食材（Food）」「人事費（Labour）」「租金（Rental）」等三大成本。三者合稱為「FLR成本」，此成本總額絕對要控制在營業額的70%之內。請事先估算總營業額（月額、年額）中，三大成本將占多少比例。

📟 「根據」是生意興隆的關鍵！

前面提過「開店後能撐過三年的機率只有二至三成，撐

過十年的機率更只有一成」，原因在於很多人僅靠直覺與膽識就選擇創業。想必也有老闆真的光靠直覺與膽識就生意興隆了。若真是如此，只能說他運氣太好。不是任何人都能靠這招獲得成功。

　　我每年都幫上百家餐飲店改善收益，採取的作法是幫他們排除直覺、膽識等不確定因素，改採有根據的資料。具體

◎ 餐飲業要注意FLR成本

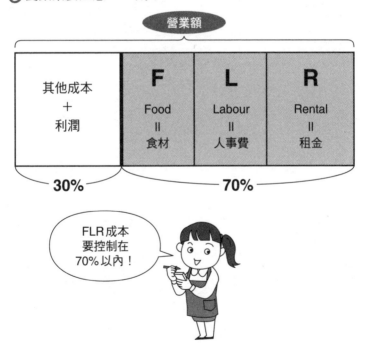

來說，就是教導他們分析方法，請店家自行分析。如此一來，經營者也會更加理解自己的店。人無法對模糊不清的事物下判斷，但只要根據明確，自然能找出各種解決方法。因此關鍵便是「排除直覺與膽識，掌握資料與根據」。

創造賺錢型態與
賺錢店家的三大要素

📟「風格」與「型態」的不同

接下來我們換個角度，探討一下「什麼型態才會賺錢」。

首先，飲食業中的「風格」與「型態」有何差異？風格是指販賣料理的風格，也就是「○○餐廳」。例如漢堡店、義式餐廳、法式餐廳、麵店，烤肉店等等。另一方面，型態則是以銷售方式區分。例如同樣賣壽司，可以賣旋轉壽司，也可以站著吃。這就是型態不同。

什麼是「賺錢的型態」？有人一聽到賺錢型態，就喊著「那我也要馬上用這個型態」。但實際上，哪種風格、型態才能賺錢，或是某種風格、型態比較好賺，並沒有定論。

在探討賺錢的型態之前，請先掌握開創賺錢店家的基本要素。

◉ 風格與型態

風　　格	型　　態
賣什麼樣的食物 例 漢堡店、義式餐廳、法式餐廳、麵店、烤肉店等等	販賣方式 例 壽司店 ─┬ 旋轉壽司 　　　　　　└ 站著吃

📟 開創賺錢店家必備的三要素

想開一家賺錢的店，必須具備三大要素。

> **開創賺錢店家的三要素**
> ①經營人本身是否喜歡料理
> ②是否擅長製作該項料理
> ③是否符合店面所在商圈的需求

首先，若老闆自己都討厭要給顧客吃的料理，根本沒得商量。必定要喜歡，才會投入各種智慧與技術。

很多人找我商量創業事宜，其中經常可見一種「我喜歡吃，所以要開餐飲店」的人。但實際上，本來就沒幾個人討厭吃飯，因此這樣的理由不夠充分。這裡說的喜歡，必須是「每天都想吃魚」「三餐都吃拉麵也沒問題」之類，針對特定食物的喜歡。

自己能不能製作該項料理也是個問題。尤其小型餐飲店，通常都是老闆自己下廚。在常見的失敗案例中，就有一種是自己不會做菜，而雇用廚師開店。如果開店是為了興趣倒也無妨，但若是為了生活，一旦廚師遲到、辭職、生病，就要面臨無法營業的嚴重風險。只有自己能夠製作料理，即

◎ 開創賺錢店家的三要素

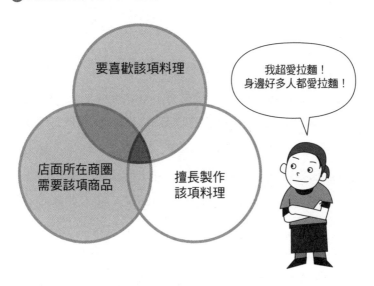

使廚師離職也能自己下廚的情況，才有資格聘雇廚師。

當我發現尋求協助的人有這種狀況，會建議他最好先別創業，或是轉換為不需要廚師的型態，務必使當事人有一定程度的理解。

另外，不管自己有多喜歡，孤芳自賞也並非好事。若店面所在商圈沒有這項需求，就不該開店；舉個極端的例子，就像在偏僻農村的大片田地正中央，開設一餐要價好幾萬日圓的法式餐廳。當然有些特例，即使在如此狀況下，依然生

意興隆；但這種狀況要成立，其菜色必須擁有「僅此一家，別無分號」的獨特魅力，才足以讓顧客踏出寬廣商圈，千里迢迢前來光顧。

要做生意，便是靠「賣自己喜歡的料理」「很會做這道料理」「店面所在商圈有這項需求」來分勝負。

假設一種情況，老闆很喜歡某道料理，商圈也有這項需求，卻不擅長做這道料理。「喜歡又有需求，卻做不好」可能就無法提供足以滿足顧客的料理，而招來不斷的抱怨。另一種情況是，擅長這道料理又有需求，卻不喜歡這道料理。「做得好又有需求，卻不喜歡」代表做起來一點都不愉快，而老闆不愉快，顧客也不會開心。由於擅長又有需求，一開始生意想必不錯，但營業額必定每況愈下。第三種狀況是喜歡料理，擅長製作，卻沒有需求。「喜歡、擅長卻無需求」，基本上連生意都做不成。

但要是湊不足三項條件，就無法成功嗎？倒也未必。三項全部到位當然最為理想，但若只有其中兩項，剩下的用努力補足，也並非不可能。

假設第一種狀況「喜歡料理」又「有需求」。只要滿足這兩項條件，成功機率就已經不小。「自己擅長製作」並非絕對的成功條件，俗話說「熟能生巧」，只要充滿熱情，剛開始就算做不好，也一定能努力學好。

　　因此在以上三大要素中，最重要的就是要喜歡自己賣的料理。雖然沒有需求做不成生意，但前面也提過，只要商品能量強大到足以驅動顧客走出商圈，就能克服需求問題。

開創賺錢店家必備的型態策略

　　說明了開創賺錢店家的三要素之後，接下來要講解賺錢的型態策略。

　　就結論來說，賺錢的型態包含以下要素。

> **賺錢的型態**
> ①型態力高
> ②有能賺錢的架構
> ③有明確強項
> ④有明確概念

　　接著說明以上四項。

　　「①型態力高」就是概念迷人，能夠招攬顧客，進而賺到錢；也就是前面說的高獲利率。具體來說，獲利率要在30%～40%以上才算高型態力。

　　「②有能賺錢的架構」就是能使單項商品創造毛利，而

且使老顧客多多光臨的架構。

「③有明確強項」就是與其他店家的差別夠明顯。可能是招牌商品，可能是超低價格，可能是其他對手買不到的材料或飲料，可能是絕佳景色，可能是待客態度一流等等。

「④有明確概念」就是本身魅力迷人且容易理解，能確實傳達給顧客了解。畢竟概念不能迎合店家本身，而是要迎合顧客。然後才根據概念來整合餐點、待客方式、店面外觀與裝潢等軟硬體。

有關以上部分，會在第二章之後詳細說明。請參考文末附錄「數字化型態策略表」，內附必要的算式組合。

第 **2** 章

掌握跟「賺錢」
有關的數字

對利潤·經費的基本思維

首先從「利潤」開始考量

　　無論哪種生意，都必須有「利潤」才能永續經營。經營餐飲店自然也不例外。為了確保利潤，必須先從基礎了解賺錢的機制。

　　想確保利潤，當然要提高「營業額」。餐飲店的營業額算式為「顧客數×顧客消費單價」。顧客數就是有多少顧客上門，顧客消費單價則是單一顧客的平均消費單價。

　　算出營業額之後，當然不會直接等於利潤。營業額還要扣除材料費、人事費、租金、水電費等經費，才得到利潤額。

　　對任何經營店面的人來說，這些都是理所當然的規矩，甚至會覺得「這不都是廢話？」但能不能成功經營店面，正取決於以什麼觀點看待這理所當然的規矩。

📱對「利潤」的正確思維

　　在經營店面時，一般認為「營業額－經費＝利潤」。但這只是「營業額○○萬日圓，經費○○萬日圓，相減剩下○○萬日圓」的數學計算，屬於「結果論的利潤」，並不能算是經營。

◎利潤、經費、營業額的思維

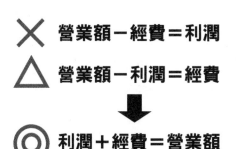

× 營業額－經費＝利潤

△ 營業額－利潤＝經費

◎ 利潤＋經費＝營業額

> 經營就是從利潤出發。
> 利潤目標要在營業額的10%以上

　　另外也有人認為「營業額－利潤＝經費」。這種思維就是「營業額應該有○○萬日圓。而我需要○○萬日圓的利潤。代表要把經費控制在○○萬日圓以內」。這比前面的「營業額－經費＝利潤」更利潤取向，但由於是靠抑制經費來增加利潤，因此一時之間會有利潤，但不能長久。因為經費的目的在於提高營業額。過度抑制經費，反而會降低營業額。營業額一低又要刪減經費，便陷入「營業額降低→刪減經費→營業額更低→刪減更多經費……」的惡性循環。

　　到底該如何思考才好？答案是「利潤＋經費＝營業額」。經營規畫要從設定利潤開始。

前面提過，經費的目的是提高營業額，由必要的利潤與必要的經費，算出必要的營業額（目標營業額），再去擬定達成目標的策略，才是真正的經營。但經營也不單純是創造利潤。假設收支兩平，依然可以持續經營，但若突然發生某些經費支出，就可能陷入虧損危機。為了避免突發狀況，最好確保「利潤占營業額的一成左右」。

> ❗ 重要小算式
>
> 利潤＋經費＝營業額

2-2 理解成本與毛利的關係

🖩 成本率與毛利率

成本率，就是食材成本占營業額的比例。假設1000日圓的餐點，食材成本350日圓，成本率便是35%。營業額扣除成本之後的部分稱為「毛利」，此時毛利便是1000日圓－350日圓＝650日圓。毛利率為65%（650日圓÷1000日圓×100）。

同樣地，若一個月的營業額為400萬日圓，食材成本為120萬日圓，成本率便是120萬日圓÷400萬日圓×100＝30%。成本率30%，毛利率70%。

我們透過盤點來計算食材成本。也就是上月底的庫存加上本月份的進貨，再扣除本月底的庫存，便得到本月份的食材成本。

🌀 盤點的思維

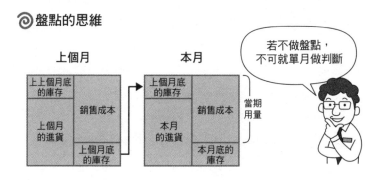

若不做盤點，不可就單月做判斷

上個月 ｜ 本月

上上個月底的庫存 ｜ 銷售成本 ｜ 上個月的進貨 ｜ 上個月底的庫存

上個月底的庫存 ｜ 本月的進貨 ｜ 銷售成本 ｜ 本月底的庫存 ｜ 當期用量

以個人經營的小店面來說，通常不做盤點，直接將本月份的進貨金額當做成本（進貨成本）。但是不做盤點便無法掌握正確的銷售成本。此時不可以單月做判斷，應觀察兩三個月內的數字。

降低成本率與提升毛利率的方法不同

營業額扣除成本等於毛利，代表營業額扣除毛利等於成本。或者成本加上毛利等於營業額。若成本降低，毛利就增加；毛利增加，成本就降低。雖然結果一樣，但降低成本的方法與提升毛利的方法卻不相同。

1. 降低成本
①降低進貨價格
②減少損失與廢棄
③以10公克為單位來考慮菜色

2. 提升毛利
①提高售價
②根據交叉ABC分析，增加能夠提升毛利的菜色數量

◎ 何謂毛利額？

仔細探討營業額、成本、毛利額的關係之後…

❗重要小算式

成本＝（上個月底的庫存＋本月的進貨）－（本月底的庫存）

成本率＝食材成本÷營業額×100

毛利率＝毛利額÷營業額×100

營業額－成本＝毛利額；營業額－毛利額＝成本

成本＋毛利額＝營業額

降低成本與提升毛利的方法

📟如何降低成本率？

上一節提到降低成本的方法中，「①降低進貨價格」和「②減少損失與廢棄」特別重要；員工不當行為造成的損失其實相當可觀。所謂不當行為，例如偷吃店內商品，或私下帶走原料等等。

與其設法彌補不當行為造成的損失，不如預防不當行為發生。因此每天都要管理商品（檢查數量與狀態），若發現盤點數量不合，要在全體員工面前報告情況。如此必能提升職員的道德意識，讓他們了解，商品是公司財產，不當行為等同犯罪。

📟以10公克為單位來設計500公克

至於「③以10公克為單位來考慮菜色」，也就是算出每種材料每10公克的成本，再根據該成本來設計食譜，壓低成本率。更詳細地說，便是考慮單一顧客用餐一次的分量。

一般來說，男性單次用餐分量為500公克，女性則是400公克。此數值僅計算固態食物，不包含濃湯、味噌湯等

湯汁。以此標準計算，男女平均食量約為450～500公克。而以10公克單位成本來設計菜色，比較能控制成本。

應該如何以科學方式架構這450～500公克？最好也最重要的觀點就是將店內食材成本全部換算為10公克單位成本。

也就是說，要算出「這項材料10公克的成本多少錢」的關鍵在於只計算百分之百可用的部分。例如洋蔥就要針對實際使用的蔥瓣，算出每10公克的成本。醬油之類的液態材料，則以10cc為單位。至於最小單位為一片、一隻、一條的材料，直接沿用即可。

只要以10公克為最小單位，便會發現以往認為非常昂貴的材料，其實相當便宜；而以往認為便宜的材料，可能反而昂貴。

假設宴會菜色有3000日圓套餐和4000日圓套餐，而4000日圓套餐要比3000日圓套餐多個幾道菜。較高價的套餐，菜色也比較多。這種套餐設計方式看來不錯，但效果並不好。

重申一次，無論男女，每一餐的食用分量幾乎都一樣。若增加了菜色，卻無法把單人總量控制在450～500公克內，顧客也不一定會開心；因為無論上了幾道菜，能吃下肚的分量都一樣。比方說，給男性的餐點設計，就將500公克

你是否隨時重視上游廠商？

你會不會對酒商、食品批發商等上游廠商表現傲慢態度？例如交貨稍晚一些就加以怒斥，或是發現輕微的短缺、缺陷便情緒化起來，破口大罵？

對上游廠商來說，當個受人重視的好夥伴，自然比當個單純的接單送貨業者要開心。

若平時能與上游廠商打好關係，廠商便成為商量事情的對象。關係密切之後，可以早一步獲得內幕消息，甚至可以壓低材料採購成本。別忘記，上游廠商也可能是上門光顧的客人。

生意興隆的餐飲店，會將上游廠商當作顧客一般看待。貨品抵達時會道謝，會送上毛巾，夏天可能還會送上冷飲，因為上游廠商也會是顧客。你的上游廠商會上門用餐嗎？

分散於數道菜中。只有一道菜，可以是咖哩飯或牛丼；若有三至五道菜，就是定食或套餐。菜色更多一些，便是懷石料理、全套全餐之類。

參考10公克成本來設計菜色，再組合為450～500公克

的宴席菜色，不僅分量十足，還能控制成本。

　　上面的想法也能用來設計套餐。無論一份套餐有五道菜或是十道菜，只要總量控制在450～500公克，便是能滿足顧客又不浪費的菜色。

　　另外，若所有職員都了解10公克單位的成本，在處理庫存損耗與食物廢棄處理時，自然就會換算為成本金額，有助於提升職員的成本意識。

◉ 450～500公克內容表

料理名（範例）	菜色數量
咖哩飯、牛丼	1（500g÷1）
定食或套餐	3～5（500g÷3～5）
懷石料理或大全餐	6以上（500g÷6以上）

根據料理的類型來
變更品項數，每品項的分量
也隨之調整

如何提升毛利率

在2-2提到的「①提高售價」，當然就是要提高商品售價，但不能讓顧客覺得「這家店變貴了」而造成壞印象。之後會詳細說明，如何在該漲價的時候漲價，仍能保持店家印象。此時所使用的方法為ABC分析，將於第六章詳細說明。

另外第六章還會說明「②根據交叉ABC分析，增加能夠提升毛利的菜色數量」之細節。

食物成本表

分類	材料名稱	10g單價	52 水煮高麗菜	53 豬耳朵	54 豬腳	55 萵苣蛋花湯	56 海帶湯	57 牛尾濃湯	58 蛋拌飯、醃菜、湯	59 白飯	60 乾烏龍麵	61 湯拌飯or湯麵	62 自製當季果汁、牛奶凍	63 冰淇淋（香草、抹茶）
肉類	牛心													
	牛尾							80						
	牛舌													
	牛胃													
蔬菜	馬鈴薯							20						
	長蔥													
	杏鮑菇													
	小辣椒													
	洋蔥													
	胡蘿蔔						15	15						
	白蘿蔔						20							
	蝦夷蔥						5				5	5		
	韭菜						15							
	烏龍麵											220		
	韓式泡菜													
	豬腳				200									
	白米								120		120	120		
	麵包							10						
	雞蛋						60		60			60		
	海苔													
	鹽					3	3	3						
	胡椒					3	3	3						
調味料	醬油													
	醋													
	綜合醬汁								15					
	醋味噌			30										
	冰淇淋													60
	甜馬鈴薯													
成本總計														
售價			400	300	400		400	900	500		300	500	200	200
成本率														

※正式格式請參考文末資料「食物成本表格式」

2-4 FL成本 將左右利潤

所謂「FL成本」，是餐飲業的獨特指標，意指F（Food＝食材成本）＋L（Labour＝人事費）的成本。若這部分無法控制在總成本的60%以內，則無法創造利潤。

此時彷彿可以聽到有人發問：「那成本率（或者人事費率）應該多少才好？」請注意，重點在於「總額占60%以內」，不同型態的FL平衡也不相同。這個數字的差異，便代表各家店的商業模型，也是店家的經營法則。基本上，像速食店、旋轉壽司之類接近零售業的型態，F會大於L；而越是需要待客服務的高階型態，則L會高出F越多。

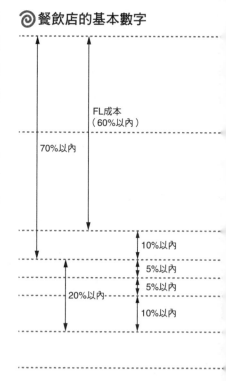

◉ 餐飲店的基本數字

FL成本
（60%以內）

70%以內

10%以內

5%以內

5%以內

20%以內

10%以內

> **!** **必記指標**
>
> FL 成本＝F（Food＝食材成本）
>
> ＋L（Labour＝人事費）≦60%

			成本	經費（90%以內）	營業額
人事費 老闆人事費、法定福利、勞保、徵才費、教育訓練費總計須在營業總利潤之50%以內	管銷費用		營業總利潤		
租金					
水電瓦斯費					
促銷費					
折舊折價費					
支付利息、其他					
利潤（10%以上）				利潤（10%以上）	

FL成本要將租金（R）考慮進去

上一節提到FL成本，但實際上還有另外一項重要成本，必須考慮在內——租金。

FL成本加上租金（R）便成為「FLR成本」。第一章提過，餐飲業幾乎就是由食材成本、人事費、租金三大成本來決定獲利能力。FLR成本更是比FL成本來得重要。標準的FLR成本必須控制在70%以內。也就是「FLR成本≦70%」。上一節提到FL成本要控制在60%以內，但若執行上有困難，只要FLR成本控制在70%以內亦可。

必記指標

FL成本＋租金（R）≦70%

假設FLR成本≦70%且目標利潤為10%，則剩下的經費必須控制在20%以內。其他經費中，例如水電瓦斯費的目標在5%以內，而其他經費與其精打細算，不如全部加起來控制在20%以內較為簡便。這也是因為不同餐飲型態的管銷費用與其他經費結構皆不相同。

必記指標

其他經費 ≦ 20%

何謂 FLR 成本

關鍵在於 FL 成本＋租金（R）≦ 70%

F（食材成本）＋L（人事費）≦ 60%

這條算式更重要

∧

F（食材成本）＋L（人事費）＋租金（R）≦ 70%

請慎重考慮餐飲業三大經費 FL 成本＋租金（R）的比例

²-**6** 成本分為兩大類

📟經費分為兩類

經營餐飲店會產生各種費用（成本），大致可分為「初期成本」與「持續成本」兩種。

餐飲業的初期成本包含「土地、建築物取得費用」「店面工程費用」「廚房等各種設備購買費用」「餐具、備料之購買費用」「網頁製作費」等等，屬於開店、開業時所需的初期費用。

另一方面，持續成本則是開業之後仍然持續產生的「人事費」「水電瓦斯費」「網路廣告」等持續性費用，又可分為「固定費用」與「變動費用」。

固定費用意指無論營業額高低都會產生的費用，具體來說包含「正職員工薪資」「店面租金」「設備租金」「支付利息」「部分水電瓦斯費」等等。

變動費用意指會隨著營業額增減而變動的費用，包含「料理、包裝等材料費」「聘雇、打工等人事費」「促銷費」「水電瓦斯費」等等。

◎ 餐飲店的兩種經費

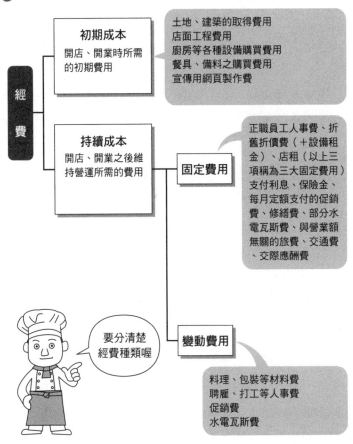

---

memo
....

欲清楚區分固定費用與變動費用，可以將不開門營業時依然產生的費用歸為「固定費用」，不開門營業則不需支付的費用歸為「變動費用」。

邊際利潤與
損益分歧點營業額

　　本節要解說一項非常重要的思維。經營餐飲店有很多必備算式，本節要說明的便是其中之基礎。

　　文末參考資料中的「餐飲店數字基本表」以及之後會說明的損益表（參考2-10），都包含著無法用數字表示的重要數值，也就是「邊際利潤」和「損益分歧點營業額」。

　　光看上述資料的表面數字，並無法從「期望利潤」推算出營業額；而損益分歧點營業額（收支打平，不賺不賠的營業額）也沒有一個標準值。

　　有關店面經營相關數字中的利潤、經費，光看數值本身並無法了解與營業額有何關聯，因此需要算出邊際利潤，以分析與營業額有何關聯。

　　計算邊際利潤需要「營業額」「經費」「利潤」，這三項數字可以從餐飲店數字基本表（參考文末資料）中自家店面的數字，或是從損益表的數字中找到。這裡所說的利潤，相當於損益表中的「經常利潤」。為何要使用經常利潤？因為經常利潤是營業利潤加入利息影響所求出的數字，最接近最終利潤。

　　若要求出損益分歧點營業額，則需要掌握固定費用。所謂固定費用，即是無論營業額高低，支出額度都不變的費

用，例如租金。而特定媒體上的宣傳廣告費等促銷費用，若每月支付數字固定，也計入固定費用中。

　　無論如何，請先觀察餐飲店數字基本表與損益表，區分哪些是固定費用，哪些是變動費用。

◎使用損益表可輕鬆算出固定費用與變動費用

A店

	六月	七月	
營　業　額	1000萬日圓	1100萬日圓	多出100萬日圓
經　　　費	900萬日圓	960萬日圓	多出60萬日圓
利　　　潤	100萬日圓	140萬日圓	多出40萬日圓

以A店來說，營業額增加100萬日圓，經費增加60萬日圓
因此A店的變動費比例為60%（60萬日圓÷100萬日圓×100）

如何計算固定費用？

六月　營業額1000萬日圓，變動費比例60%→600萬日圓（變動費用）
（900萬日圓的經費中有600萬日圓為變動費用）
900萬日圓－600萬日圓＝300萬日圓（固定費用）

驗算

七月　營業額1100萬日圓的60%（660萬日圓）為變動費用
960萬日圓－660萬日圓＝300萬日圓（固定費用）

只要有兩個月份的損益表，便能輕易算出變動費用和固定費用。

以A店來說，營業額每增加100萬日圓，經費就增加60萬日圓；因此A店的變動費比例為60%（60萬日圓÷100萬日圓×100）。

那固定費用又如何？以六月為標準來看，營業額1000萬日圓，變動費比例60%，則有600萬日圓的變動費用，意即900萬日圓的經費中有600萬日圓的變動費用。

900萬日圓減去600萬日圓之後，剩下的300萬日圓便是A店的固定費用。

接著以相同方法，計算表中七月份的固定費。營業額1100萬日圓中的60%（660萬日圓）為變動費用。經費960萬日圓減去660萬日圓為300萬日圓，此為固定費用，與一開始算出的數字相同。

2-8 邊際利潤與邊際利潤率

何謂邊際利潤

店家營業額減去變動費用（與營業額成正比的費用）之後的數字，稱為「邊際利潤」。重申一次，變動費用包含料理成本、打工人員及聘雇人員的薪資等等。

邊際利潤用來繳交固定費用，對回收固定費用有所貢獻，因此也稱為「貢獻利潤」。所謂「邊際」，意思是只要有一個單位的增減，數字就會改變，因此邊際利潤代表每多一個顧客所增加的利潤。

以下是了解店家邊際利潤的優點。

> **了解邊際利潤的優點**
> ①可了解損益分歧點營業額
> ②可自目標利潤反推出營業額

變動費用與營業額成正比，因此不以金額計算，而以百分比「％」來計算，所以變動費用占營業額之比例稱為「變動費比例」。

邊際利潤除以營業額再乘上100，此數字稱為「邊際利

潤率」。

　由以上計算可得出營業額 × 邊際利潤率＝邊際利潤＝固定費＋利潤。

！必記算式

①營業額－經費＝利潤

②經費＝變動費用＋固定費用

③營業額－變動費用－固定費用＝利潤

④營業額－變動費用＝邊際利潤

⑤營業額－邊際利潤＝變動費用

⑥變動費用＋邊際利潤＝營業額

⑦邊際利潤＝固定費用＋利潤

⑧邊際利潤－固定費用＝利潤

⑨邊際利潤－利潤＝固定費用

⑩變動費比例（％）＝變動費用÷營業額×100

⑪邊際利潤率（％）＝100－變動費比例

⑫邊際利潤率（％）＝邊際利潤÷營業額×100

⑬變動費比例（％）＋邊際利潤率（％）＝100

◎ 最重要的邊際利潤

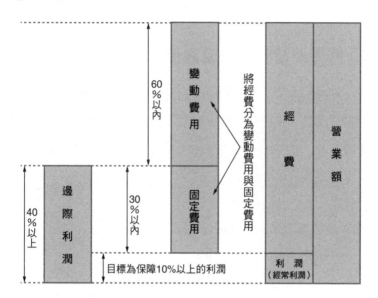

memo

邊際利潤的「邊際」，源自於「Marginal Point」中的「Margin」，在經濟學上代表增減一單位就會產生變動的「邊際○○」。

損益分歧點營業額與必要營業額

📟 何謂損益分歧點營業額

經營店面，必須掌握自家的損益分歧點營業額及必要營業額。所謂「損益分歧點營業額」就是營業額與費用打平，不賺不賠、損益兩平的營業額。損益分歧點營業額的算式請見下一頁。

🌀 以圖表算出損益分歧點營業額

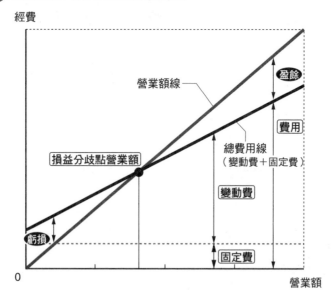

經費

營業額線

盈餘

費用

總費用線
（變動費＋固定費）

損益分歧點營業額

變動費

虧損

固定費

0

營業額

❗ 必記算式

損益分歧點營業額＝固定費用 ÷ 邊際利潤率

營業額－經費＝利潤

※ 經費＝變動費用＋固定費用，因此
營業額－變動費用－固定費用＝利潤

※ 變動費用為營業額乘上變動費比例，因此
營業額－（營業額 × 變動費比例）－固定費用＝利潤

※ 將營業額部分合併
營業額（100%－變動費比例）－固定費用＝利潤

※（100%－變動費比例）為邊際利潤率，因此
營業額 × 邊際利潤率－固定費用＝利潤

※ 計算利潤等於零的營業額，算式為
營業額 × 邊際利潤率－固定費用＝0

※ 將固定費用移至等號右邊
營業額 × 邊際利潤率＝固定費用

※ 此時的營業額就是損益分歧點營業額，亦即
損益分歧點營業額＝固定費用 ÷ 邊際利潤率

📱從目標獲利反推出營業額

經營餐飲店最重要的就是有規畫。若能算出邊際利潤與損益分歧點營業額，自然能從目標利潤反推出必要營業額，規畫也更為輕鬆。

上一頁介紹了「損益分歧點營業額＝固定費用÷邊際利潤率」這道算式。損益分歧點營業額代表損益兩平時的營業額。因此「損益分歧點營業額＝（固定費用＋利潤0）÷邊際利潤率」。只要將其中的「利潤0」設定為想要的利潤，即可求出應達成的目標營業額。

若轉換為算式，則可寫成「應達成之營業額＝（固定費用＋目標利潤）÷邊際利潤率」。也可改寫為「（固定費用＋目標利潤）÷邊際利潤率＝應達成之營業額（必要營業額）」。假設某店家固定費用為500萬日圓，目標利潤為300萬日圓，邊際利潤率為40%，則只要達到2000萬日圓的營業額即可。

（500萬日圓＋300萬日圓）÷40%＝2000萬日圓

> **❗必記算式**
>
> **目標利潤所需的必要營業額**
>
> $$必要營業額 = \frac{固定費用＋目標利潤}{邊際利潤率}$$

小專欄

可以打到幾折？

　　商家經常為了增加客源而打折促銷店內商品，但其實打折價格也有極限。若為了用低價招攬客人，設定過分的折扣，就算顧客上門，店家也難以經營下去。那麼該如何計算打折的極限呢？

　　想求出這個答案，就要使用「變動費比例」。例如，定價 1000 日圓的商品，變動費比例為 60%，而商品價格最少應能回收變動費用，也就是 60%，則打折上限就是 40%。

　　因為這道商品（菜色）所花費的材料費等變動費用，必須以該菜色來回收。雖然租金等固定費用也必須回收，但並不一定要靠單一菜色，只要每個月的整體營業額足以回收即可。

　　也就是說最低價格必須是 600 日圓（打六折）。若打了五折，連變動費用也賺不回來，就必須以其他菜色回收打折菜色所損失的變動費用。號稱「流血大拍賣」的短期策略必定有極限，短時間內還可以撐得下去，卻必定不能長久。而且對個人經營來說，更不能用這一招。

為了確認上一頁的內容，請探討以下問題。

[問題1]

請問下面這家店的損益分歧點營業額為多少？

基本資料

營業額　　　1000萬日圓

變動費用　　600萬日圓（營業額之60%）

固定費用　　300萬日圓

利潤　　　　100萬日圓

[問題2]

本期希望得到200萬日圓的利潤，請問營業額應該設定在多少方可達成？

基本資料

營業額　　　1000萬日圓

變動費用　　600萬日圓（營業額之60%）

固定費用　　300萬日圓

利潤　　　　100萬日圓

[問題3]

本期營業額為1100萬日圓，比前期成長了10%。請問利潤會是多少？

基本資料

營業額　　　1100萬日圓

變動費用　　營業額之60% ＝ 660萬日圓

固定費用 300萬日圓

［問題4］

想將目前利潤提高至三倍。請問營業額應增加百分之幾方可達成目標？

基本資料

營業額 1000萬日圓

變動費用 600萬日圓（營業額之60%）

固定費用 300萬日圓

利潤 100萬日圓

問題解答

［問題1］

計算提示

營業額1000萬日圓－變動費用600萬日圓＝邊際利潤400萬日圓

邊際利潤率＝邊際利潤÷營業額×100

＝400萬日圓÷1000萬日圓×100＝40%

固定費用300萬日圓÷40%＝750萬日圓

答案 750萬日圓

［問題2］

計算提示

①如何求出邊際利潤？→營業額－變動費用＝邊際利潤

②根據①，可從目標利潤反推出營業額

→（固定費用＋目標利潤）÷邊際利潤率＝必要營業額

因此，計算如下：

①算出邊際利潤與邊際利潤率

　　營業額1000萬日圓－變動費用600萬日圓＝邊際利潤

　　400萬日圓

②算出必要營業額

　　（300萬日圓＋200萬日圓）÷40％＝1250萬日圓

答案　營業額必須有1250萬日圓

［問題3］

計算提示

營業額1100萬日圓－660萬日圓－300萬日圓

答案　140萬日圓

［問題4］

計算提示

①算出邊際利潤

　　營業額1000萬日圓－變動費用600萬日圓＝邊際利潤

400萬日圓

　　400萬日圓÷1000萬日圓×100＝40％（邊際利潤率）

②算出必要營業額

　　（300萬日圓＋300萬日圓）÷40％＝1500萬日圓

答案　營業額要增加50％（目前營業額為1000萬日圓）

重點 1

檢查損益分歧點營業額約在何種程度！

　　若損益分歧點營業額為 750 萬日圓，目前的營業額為 1000 萬日圓，則占 75%。對損益分歧線來說還有 25% 的空間，此數字稱為「安全空間率」；數字越高越不容易虧損，也代表這家店（公司）越難倒閉。

重點 2

利潤加倍，不代表營業額也要加倍！

●問題 2 之心得

將 100 萬日圓的利潤提高為兩倍（200 萬日圓），只要營業額拉高至 1250 萬日圓，也就是增加 25%，利潤便會加倍（根據問題之條件）。因為營業額增加，固定費用並不會增加，只有變動費用會增加。

●問題 3 之心得

營業額增加 10%，利潤就增加 40%（根據問題之條件）。理由與問題 1 相同。

●問題 4 之心得

營業額增加 50%，利潤便成為三倍（根據問題之條件）。理由與問題 1 相同。

2-10 損益表中的五種利潤

在第二章尾聲，我們要學習財團法人與公司企業的數字檢查法。以下項目適用於公司法人規模的大型餐飲店，將參考財務報表進行說明。

此處要說明的分析法是「經營比例分析」。所謂經營比例分析，是從「獲利性」「安全性」「生產性」三大觀點觀察公司目前狀態的指標（「生產性」將於第四章詳細說明）。

在計算該指標之前，要先說明計算所需的資料，亦即「損益表」與「資產負債表」的重點。

📟 何謂「損益表」

「損益表」的英文是「Profit and Loss Statement」，簡寫為P/L。

損益表中記載公司一定期間內的所有獲利與費用，賺了多少錢（利潤），等於是公司經營成績單。

閱讀「損益表」時，必須注意五種利潤。

下一頁的表格中標示了這五種利潤，包含①營業總利潤，也就是毛利，為「收入之泉源」。損益表中可以看出公司用該部分支付各種經費。

⊚ 損益表（月單位）範例

營業額	2,000,000
營業成本	800,000
①營業總利潤	1,200,000
銷售費及一般管理費	900,000
②營業利潤	300,000
業外收益	0
業外費用	100,000
③經常利潤	200,000
特別利潤	0
特別虧損	0
④稅前利潤	200,000
⑤稅後利潤（當月利潤）	──

　　②營業利潤就是本業所產生的利潤，最為重要。必須以維持10%以上為目標。

　　③經常利潤，就是加入與本業無關之部分，例如加入存款利息或放款利息等項目的數字。

　　④稅前利潤為經常利潤加上臨時發生之項目，包含賣出土地或建築，賣出投資股份等行為所得到的利潤。

◎ 損益表（月單位）範例

項　目	解　說
營業額	公司進行主要業務，例如提供商品或服務，而得到的收益。
營業成本	當月消耗的材料費。
①營業總利潤	營業額減去營業成本，也稱為「毛利」。
銷售費及一般管理費	公司一般經營活動所需費用之總稱，包含人事費、租金等等。
②營業利潤	營業總利潤扣除銷售費及一般管理費之後的金額。
業外收益	公司進行業外活動所產生的經常性收益。
業外費用	與公司本業不相關，但本業營運之財務活動等附加行為所產生的費用，包含支付利息，公司債利息等等。
③經常利潤	公司執行本業等持續性活動所得到的利潤。
特別利潤	公司拓展事業之過程中不經常發生的例外利潤，例如固定資產處分收益等等。
特別虧損	公司拓展事業之過程中不經常發生的例外虧損，例如固定資產處分虧損等等。
④稅前利潤	經常利潤（經常虧損）加上特別利潤，減去特別損失之後所得的金額。
⑤稅後利潤（當月利潤）	扣除各種成本、特別損益、稅金等項目之後，最終留存於公司內部的利潤。

營業額與五大利潤

用流程圖來
理解損益表吧

　　⑤稅後利潤為扣除稅金之後的利潤，一般稱為淨利，也
是最終的利潤。

　　下面整理出以上說明之算式。

小整理

①營業總利潤＝營業額－營業成本

②營業利潤＝營業總利潤－銷售費及一般管理費
　　　　　　（人事費、銷售費、管理費）

③經常利潤＝營業利潤＋（業外收益－業外費用）

④稅前利潤＝經常利潤＋（特別利潤－特別虧損）

⑤稅後利潤＝稅前利潤－營利事業稅等等

2-11 確認資產負債表中的名詞

📊 何謂「資產負債表」

接著來看看「資產負債表」。

資產負債表的英文名稱是「Balance Sheet」，簡寫為B/S。資產負債表可以表示公司當下的財務狀態、資產狀況、資金調度與運用狀況。

表格右半邊記載公司如何籌措資金（＝資本）。可以看出自有資本（＝自己的資金）和他人資本（＝貸款）多寡。

另一方面，表格左半邊記載公司如何運用蒐集來的資本。比方說「廚房設備」「建築物」屬於提高營業額的投資，左半邊便如此記載資本的具體運用方式。

📊 流動資產與固定資產

接著說明表格中的術語。

資產部分的「流動資產」，表示一年內應可轉換為現金的所有資產，包含「現金」「有價證券」「應收債權」等等。固定資產表示可長期使用、持有的資產，包含「土地」「建築物」。

◎ 資產負債表

資產部分	負債與資本部分	
（流動資產） 現金 應收帳款 庫存　等等 ※預計一年內可以兌現的部分	（流動負債） 應付帳款 短期貸款　等等 ※預計一年內需償還的部分	他人資本
	（固定負債） 長期貸款　等等 ※預計償還時間仍有一年以上的部分	
（固定資產） 建築物 設備 土地　等等 ※預計一年以上方可兌現的部分	（資本） 資本金 剩餘利潤　等等	自有資本
總　計	總　計	

運用…募集到的資金如何用來賺錢？　←　**調度**…如何募集資金？

流動負債與固定負債

其次，負債與資本部分的「流動負債」，是預計一年內需償還的部分，包含「應付帳款（採購費）」「短期貸款」等等；「固定負債」乃是預計償還時間仍有一年以上的部分，包含「長期貸款」等等；而資本則包含「資本金」「剩餘利潤」。

流動負債與固定負債合稱為「他人資本」，資本則稱為「自有資本」。

2-12 試著用資產負債表與損益表來分析經營狀況

如何分析經營比例

了解資產負債表與損益表的大概之後，即可使用表中數字來觀察公司的（1）獲利性與（2）安全性。

顯然地，獲利性正是「賺錢的程度」，而安全性則是「不會倒閉的強度」。可從財務觀點研判這家公司是否容易倒閉，或是不易倒閉。

（1）以經營比例分析觀察獲利性

有數種方法可以檢查事業獲利性，先來看最基本的「總資產經常利潤率」。

可以了解賺錢的程度與不會倒閉的強度

總資產經常利潤率也稱為 ROA（Return on Asset，總資本報酬率），是用來判斷綜合獲利能力的指標；計算方式為經常利潤除以總資產（即總資本）。算出來的比例表示公司投入資本能產生多少報酬率。

特別是向銀行等金融機構申請融資的店面，若報酬率沒有高過金融機構放款利率，生意便做不下去。

此報酬率的最低參考值為 5%，並希望盡量確保在 10% 以上。

> **❗ 必記算式**
>
> **總資產經常利潤率（％）＝經常利潤**
>
> **÷總資產（＝總資本）×100**
>
> ※目標為 10% 以上

（2）以經營比例分析檢查安全性

檢查安全性的方法也很多，在此介紹三種常用指標，分別是①短期支付能力②長期支付能力③資本穩定性。

①短期支付能力的分析方法為計算「流動比例」。所謂流動比例，意即短期內（一年內）可兌現之資產，能夠填補多少短時間內（一年內）需償還之負債；換句話說，就是現金流（資金流動性）的指標。流動比例算法為流動資產除以

流動負債，一般來說在120%～140%左右即可。

　　基本上產業必須滿足「流動資產＞流動負債」的關係，而目前日本餐飲業的流動比例較其他產業為低，是餐飲業資金周轉不靈的原因之一。

！ 必記算式

流動比例（％）＝流動資產÷流動負債×100

流動比率
的基準是
120～140%

　　②**長期支付能力**的分析方法為計算「長期固定確率」。長期固定確率是一種指標，表示自有資本與長期攤還負債占企業購買之固定資產多少比例。長期固定確率算法為固定資產除以資本與固定負債總和。

　　日本餐飲業的長期固定確率較其他產業為高，因此也較為依賴短期貸款。

　　若此數值達到100%以上，代表企業以短期貸款做為固

定資產的調度資金。若只是一兩期的短期數字，倒沒有太大問題，但若長期出現此狀況，代表公司財務狀況有問題。目標應在70%以下。

必記算式

長期固定確率（％）＝固定資產÷

（資本＋固定負債）×100

盡量以70%以下為目標

③**資本穩定性**的分析方法為計算「自有資本比例」。

自有資本比例便是自有資本占總資本的比例。一般來說，自有資本比越高，負債（貸款）便越少。此時沒有貸款利息負擔，資金也沒有償還期限，資金周轉容易，可判斷為經營健全。

日本餐飲業的自有資本比例，平均為8％左右。可見日本餐飲業是相當依賴貸款的產業。

　　自有資本比例在50%以上可謂安全，但以餐飲業來說，請先以30%以上為目標即可。

> **⚠ 必記算式**
>
> **自有資本比例（％）＝自有資本÷總資本×100**

最初以30%
以上為目標吧！

第 **3** 章

掌握能提升營業額與
利潤的數字！

分析客層與有效攬客方法

初次光顧的客人有一半以上不會再度上門!?

日本將顧客不再上門的現象稱為「顧客叛逃」，以下來看看餐飲業的情況如何。根據市調公司Unity Marketing Solutions有限公司調查顯示，日本餐飲店的顧客叛逃率為50%以上；也就是說，初次光顧的客人有一半以上不會再度上門，有些店甚至在十個新客人中會走掉七八個。

就算新客人第一次不叛逃，上門第二次，最後也只有不到兩成會來第三次；也就是說，高達八成的顧客光顧不到三次。餐飲業可說是顧客叛逃率最高的產業。

🔢 只要光顧三次，成為老主顧的機率便大增

但反過來說，只要顧客上門三次，便容易成為老主顧；因此，關鍵在於如何吸引顧客上門三次。

許多餐飲店都有推出集點卡，可能光顧十次就有好禮，甚至還有光顧二十次才能享受優惠的店家；但叛逃率仍然居高不下，可見幾乎沒有顧客一開始就想光顧個一二十次，這種集點卡毫無意義。既然光顧三次便能成為老主顧，集點卡也應該只讓顧客上門三次就有優惠。

附帶一提，要讓顧客光顧三次，除了餐點美味，待客友

◉ 顧客不光顧的比例是？

顧客叛逃 ＝ 顧客不再光顧

餐飲店的情況？

初次叛逃率 **50**％以上
實際上應該更高，
甚至可能達70%～80%。

三次叛逃率 初次光顧客人的
80％以上

出處：Unity Marketing Solutions有限公司調查結果

餐飲業是顧客叛逃率最高的產業

初次光顧的客人中，有八成不會上門第三次

但只要顧客上門三次，就會記住這店家，成為老顧客的機率也大增

善之外，如何拉近與顧客的關係也是關鍵。

　　想讓顧客多多上門，可以記住顧客的臉和名字，寄信表達謝意等等。當顧客上門第二次，便積極與對方互動，進一步了解顧客。根據該公司的調查，可歸納出一項結論：某位顧客只要光顧同一家店三次，就會記住這家店，並很可能長期使用；若光顧十次，就會成為老主顧。請記住這條「三次小主顧，十次老主顧法則」。

　　先考慮如何讓顧客光顧三次，成為老主顧的機率便會大增。

◉ 三次小主顧，十次老主顧法則

亦即「某位顧客只要光顧同一家店三次，就會記住這家店，並很可能長期使用；若光顧十次，就會成為老主顧。」

但實際上，只有兩成顧客會光顧三次，因此沒有能力吸引顧客重複上門的餐飲店，便靠新顧客來維持營運（一般日本餐飲店的新客人占七成，老顧客占三成）。

3-2 提高營業額的六大觀點

　　想要提高店面營業額時，有一道最重要的基本公式：營業額＝顧客人數×顧客消費單價。可能有人一看便嗤之以鼻：「這不是廢話？」但仔細研究這道公式，其實可以做以下之分解。

營業額提升公式

營業額＝顧客人數×顧客消費單價

$$= \{①新顧客 + \overset{④口碑介紹}{[②老顧客 × ③重複光顧率]}\} × [⑤點餐數量 × ⑥菜色平均單價]$$

　　上面的算式中，將「顧客人數」分解為「①新顧客②老顧客③重複光顧率④口碑介紹」四個細項。亦即想增加顧客人數，可分別從①～④下手。

　　其中，防止②老顧客流失的對策為第一優先；與其努力裝水，不如先補水桶的破洞。另一方面，想提升③重複光顧

率，則必須考慮「如何增加老顧客上門的次數」。

接著，原始算式中的「顧客消費單價」可分解為⑤點餐數量和⑥菜色平均單價。⑤點餐數量便是設法增加顧客點餐的數量，⑥菜色平均單價則是提升顧客點餐的平均單價。

想提升營業額，不能只是上街發發傳單，應該針對「營業額提升公式」中的①～⑥項目，考慮自己的餐廳應該強化哪些項目，擬定具體方法，著手執行。

❗ 必記算式

①營業額＝顧客數量 × 顧客消費單價

②顧客數量＝新顧客＋（老顧客 × 重複光顧率）
※新顧客分為恰巧路過與口碑介紹兩種。

③顧客消費單價＝每人平均點餐數量（菜色數量）
× 菜色平均價格

🖩 何謂提高營業額的六大觀點？

前面「營業額提升公式」中的六大項目，可以轉換為以下六種表現方式。

①如何獲得新顧客

思考如何獲得首次上門的客人。

②如何增加老顧客

思考如何讓顧客上門第二次，以及如何防止老顧客流失。

③如何提升重複光顧率

思考如何增加老顧客上門次數。

④如何增加口碑介紹

思考如何讓上門顧客多多建立口碑，代為介紹。

⑤如何增加點餐數量（菜色數量）

思考如何讓顧客再多點一道菜，增加點餐數量。

⑥如何提高菜色平均單價

思考如何研發高附加價值的餐點，以提高平均單價。

若要與店內員工討論提升營業額之策略，針對以上六點必定能得到清楚結論。若不能掌握以上六點，討論就會模糊失焦。關鍵在於理解你的行動是為了提高哪項數字；若不搞清楚，便會錯失努力方向。

◎營業額提升公式

營業額　＝　顧客人數　×　顧客單價

④口碑介紹

＝{（①新顧客＋（②老顧客×③重複光顧率））}

×（⑤點餐數量×⑥菜色平均單價）

---

①如何獲得新顧客

②如何增加老顧客

③如何提升重複光顧率

④如何增加口碑介紹

⑤如何增加點餐數量（菜色數量）

⑥如何提高菜色平均單價

3-3 採用矩陣思考，摒棄「瞎忙主義」

　　每個開店的老闆，必定隨時都為了生意興隆而努力。但確實有許多店家抱持「瞎忙主義」，搞錯努力方向，或相信撐下去必有結果，最後卻是事倍功半。

　　這些店家的共同點就是，尚未掌握課題與重點，便滿腦子想著要拚、要加油，焦躁不已。

　　重申一次，經營餐飲店的關鍵在於，排除一切主觀思維，以客觀觀點掌握實際營運狀況，擬定對策。

📱 用矩陣找出原因與對策

　　如前所述，增加營業額有六大觀點（參考3-2）。除了這六項之外，別無他法。任何原因或對策必定都落在這六大觀點之上。解決自家問題的第一步是精準掌握問題，而問題必定屬於六大觀點之一。如此一來，問題與對策便顯得明確。

　　若是進行會議，必定要隨時掌握正在討論六大觀點中的哪一點。若不掌握方向，要不是問題模糊不清，就是對策過度抽象，最後毫無成果。

　　提高營業額的具體方法很多，研發新菜色、待客態度、招牌設計、促銷活動、店面整潔等等，但必須清楚了解各種

方法對六大觀點中的哪一項有效，又與哪一項無關。這就是「矩陣思考」。

　　具體來說，便是如下一頁圖表（矩陣範例）所示，縱軸標明六大觀點，橫軸標明各種方法。若自認該方法對某觀點效果較大，則打「○」；可能有一定效果的，打「△」；完全無關的，打「×」。

　　若橫著看該表，將六大觀點中效果最好的方法都打上「◎」，方法將更加明確。

根據「提升營業額的六大觀點」來繪製矩陣！

可以明顯看出有效方法

◎ 矩陣範例

	待客力	商品力	菜單設計	招牌、門面	網路促銷（網頁、美食網站、手機、SNS、部落格、推特……）	傳單、廣告紙、宣傳手冊、海報、旗幟、DM、集點卡、營利事業之實體促銷活動	清掃	……（以下繼續）
① 獲得新顧客	×	×	×	○	○	○	△	…
② 使新顧客成為老顧客	○	○	○	×	○	△	○	…
③ 提高老顧客上門次數	○	○	○	×	○	△	○	…
④ 靠口碑介紹獲得新顧客	○	○	○	×	○	△	○	…
⑤ 增加平均點餐數量	×	○	○	△	○	△	×	…
⑥ 增加菜色平均單價	○	○	○	△	△	△	×	…

了解努力方向

🖩 冷靜分析矩陣所得到的資料

常見的討論項目之一為「為了開發新顧客，要提升待客品質」。看起來似乎很正確，但仔細想想，開發新顧客與提升待客品質其實毫無關聯。除非以3-2的④來解釋，才會產生關聯；但與①的關聯如何？實際上，無論待客品質再好，路過的客人也不會上門。

另外，菜色與獲得新顧客也沒有直接關係。必定要使路過店門口的人發現，或是在網路上被人發現，才是獲得顧客的關鍵。因此「提升待客品質」與「研發迷人菜色」與開發新顧客並沒有直接關聯。

🖩 重點在於努力的方向性

如上所述，腦中常駐歸類矩陣，弄清楚原因與對策，才容易產生效果。本書「前言」部分將倒閉的餐飲店分為三大趨勢，而本節所討論的正是「拚命三郎卻不得要領的努力型」。

「營業額好」「營業額差」與「跟拚命三郎一樣拚」「還不夠拚」不能畫上等號。要說倒閉的店家都沒有拚命三郎型的老闆，必定不成立；而生意興隆的店家，老闆也不可能都

不眠不休，就算真的很拚，也不會比快要倒店的老闆更拚。因此，請摒棄毅力論與瞎忙主義，重視「努力方向是否正確」「是否切中要害」。

3-4 改善獲利的五大步驟

　　本節將介紹我在進行顧問活動時，幫助店家改善收益的處理步驟。我的顧問都是根據以下五大步驟所進行。

▣改善獲利的基本手續

●第一步驟

　　改善收益的第一個基本步驟，就是重新建立概念，明確掌握「賣點」「差異性」「宣傳重點」。店家概念是開店最重要的元素，但其實很多店家的概念都模糊不清。就算能做出讓客人開心的美味料理，若不具有明確概念，營業額也難以提升。

●第二步驟

　　第二步驟就是重新檢討店家的店名與稱號（店名前後的形容詞）。其實只要不是名牌精品或連鎖名店，顧客都不會太在意店名，反而會注意店家概念，以及與其他店家不同的稱號。這裡的關鍵在於不宣傳店名，而是宣傳稱號。讓顧客立刻了解這是一家什麼樣的店，提供哪種料理。如果稱號難懂，顧客也不會想上門。

● **第三步驟**

第三步驟是檢討菜單內容。一邊整理菜色，一邊製作菜單。在製作菜單時，要以「會賣與不會賣」「能獲利與不能獲利」的觀點來分析菜色，賣點商品必須放在菜單上最一目了然的位置。

另外在進行菜色分析時，ABC分析可以幫上大忙（參考6-1）。

● **第四步驟**

第四步驟是檢討店面外觀（正面）。此步驟重點為門面（建築物正面設計）與招牌，店面周邊環境當然也要改善。

若店家不夠引人注目，也不可能獲得新顧客。這點會於後詳述（參考3-7）。

● **第五步驟**

最後一步驟，便是進行綜合行銷。架設店家網站、加入美食網站、手機促銷、廣告散布、公開活動，並結合各種媒體進行強力宣傳。

改善收益的五大步驟

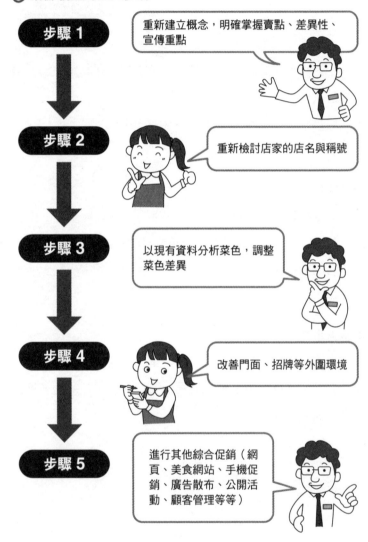

步驟 1 — 重新建立概念，明確掌握賣點、差異性、宣傳重點

步驟 2 — 重新檢討店家的店名與稱號

步驟 3 — 以現有資料分析菜色，調整菜色差異

步驟 4 — 改善門面、招牌等外圍環境

步驟 5 — 進行其他綜合促銷（網頁、美食網站、手機促銷、廣告散布、公開活動、顧客管理等等）

▣「止血」比「輸血」優先的模式

有些狀況較差的店家，沒有閒工夫慢慢調理以上五大步驟來改善收益，這就是「止血」比「輸血」優先的模式。比方說，連這兩個月的資金調度都有困難時，店家不可能從第一步驟開始慢慢改進。接下來每一步都像跟時間賽跑。

這時候請先「止血」。也就是償還貸款，防止現金流失。等到預期好轉的時間點，再依照五大步驟進行「輸血」。

附帶一提，若店家本身有「店面清潔沒做好」（髒亂）「料理難吃」「待客態度差」等問題，不先改善這些缺失，則無論如何執行本書所介紹之提高營業額的方法，也於事無補。務必注意。

本書會介紹各種提高營業額之方法，重點都在於從自我中心轉換為客觀實際。（門可羅雀的餐飲店基本上都是老闆一意孤行的結果）

▣不可輕易發折價券或打折

現在日本餐飲店的促銷活動中，必定都包含打折或折價券。這類招數短期確實有效，但會使用折價券的顧客，其實很難成為老顧客。因為用折價券的顧客心理就是「反正大家

都有折價券，就到處吃吃看」。自然不可能對店家本身產生興趣。

基本上我在對客戶提供顧問服務時，一定不會建議使用折價券。因為我認為毫無必要。招攬客人不能靠打折，而是靠商品與店家本身的魅力與附加價值，這才是我心目中的生意人。

「以折扣吸引很少回籠的新顧客，一旁的老主顧卻只能用原價吃一樣的餐點」這點尤其讓我感覺矛盾。折扣應該是老顧客才有的權利。

另外說到手機等電子折價券，現在可以看到很多人直接在餐廳門口搜尋有無電子折價券。有折價券才進去用餐。也就是說，對那些不用折價券就決定上門用餐的顧客來說，店家的折扣其實毫無必要。若經常以折扣或折價券吸引顧客，最後折扣價會變成理所當然的價格，顧客很可能只在有折扣的時候上門。

但若有明確的折扣理由，例如「○○紀念」「○○活動」「訂位已滿，為補償向隅顧客而發行折價券」等等，則不在此限。如此顧客才會明白，店家不是經常打折，而是只有「現在」。

另外也可以用贈送來代替折扣。例如某家餐廳的顧客消費單價是5000日圓，若使用八折之折價券，單價則為4000

日圓，等於扣掉1000日圓。

　　假設成本率為30%，5000日圓的毛利則是3500日圓（成本＝5000日圓×30%＝1500日圓，故毛利為3500日圓）。若贈送八折折價券，毛利將直接扣除1000日圓，降為2500日圓（因為成本1500日圓不變）。

　　另一種做法，則是贈送1000日圓的商品，取代1000日圓的折扣。此時以顧客立場來看是獲得了1000日圓的好處，但以店家立場來看，負擔只有成本率30%，即300日圓，因此毛利為3500日圓－300日圓＝3200日圓。實際上當然不會如此單純，而且贈送的菜色也可能造成顧客不再追加點餐，其消費單價便維持4000日圓。但就我的經驗而言，贈送餐點幾乎不曾降低過顧客消費單價，因為顧客很少會因為贈送餐點而減少點餐。

　　與其以折價券打折，不如確實收取餐費，並贈送額外餐點，更能增加毛利。

重新檢討概念形成，修改經營方針

本節與數字沒有直接關係，但若你是個煩惱經營不善的經營人，請務必了解本節的思維。

概念的四項思維

對店家來說，「打造概念」是最重要事項。甚至可以說一家店的經營狀況，有六成取決於概念好壞。

我所說的概念，包含：①對誰的②何種利用動機③提供什麼商品與④什麼銷售方式？生意興隆的店家，這四項概念必定十分均衡。

進一步分析目標

上面的①＋②與設定目標有關，這部分可從以下三個觀點去探討。

設定目標之三要素

人口統計要素　年齡、職業、性別等屬性

地理要素　居住地區、工作地區等屬性

心理要素　生活方式、價值觀、購買動機等屬性

概念四環

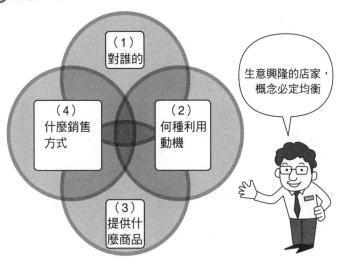

目標設定三要素

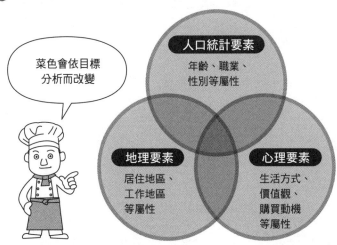

目標越明確、越精準，商品（菜單）架構與商業內容設計也會更清楚。

概念是經營方針的基礎

經營人與負責人在經營店面時，除了建立概念之外，還必須清楚了解「做什麼」「為何要做」；而答案當然是「根據概念而做」。

在經營店面的過程中，就算只是一個小小的促銷活動，也不保證百分之百會成功。但只要清楚「為何要做」，即使這次不成功，下次成功的機率也將提高。

因此，請隨時比對每天的努力內容①是否與概念一致，②是否依據確實資料，③行動根據是否明確。經營絕對不能靠直覺或膽識，而是靠「邏輯」與「資料」才能做的事情。

3-6 營業額，座位周轉數，座位使用率

　　在3-2提過了「提升營業額的六大觀點」。若要提升營業額，除了增加顧客平均點餐數量、提高商品單價等方法之外，就只能增加顧客人數了。餐飲店有一定的巔峰時間點，顧客自然會上門，但能容納的人數必定有限。而且也不能要一位顧客硬吃下平常兩三倍的分量。

　　面對如此情勢，若不更改店面格局、增加座位，必定難以提升營業額。這就是餐飲業與販賣商品的零售業不同之處。

　　到底該如何應對才好？

計算座位周轉數

　　此時的重要指標為「座位周轉數」。所謂座位周轉數，就是同一個座位，每天（或一定時間內）會有多少顧客使用的數字。

> **必記算式**
>
> 座位周轉數＝一天（或一定時間內）之使用顧客人數
> 　　　　　　÷座位數

座位數便是店內的座位總數。假設某家餐飲店有三十個座位，一天有一百二十位顧客上門，則可算出單日的座位周轉數為 120÷30＝4 次。

🧮計算座位使用率

對絕大多數的餐飲店來說，不可能整家店裡都是單人座。通常會準備一些二至四人，甚至更多人數的大桌座位。但上門的顧客依然有單人，也有團體，所以四人座的位置可能只坐兩三人，甚至只有一人。如此一來，就算店內所有桌子都有顧客，也不代表所有座位都坐滿。

這麼看來，前面說明的座位周轉數便不足以看出實際情況。想增加顧客上門人數，必須先掌握這些座位的耗損。

因此「座位使用率」有助於掌握更詳細的座位狀態。計算方式為滿桌時（注意，非滿座）的總顧客數÷總座位數。

> **❗ 必記算式**
>
> **座位使用率（％）＝滿桌時總顧客數 ÷ 總座位數**

假設六人座的桌子被三位顧客占用，則該桌的座位使用率為 50%。先掌握座位使用率，再乘上座位數、周轉數、顧

客消費單價，就等於營業額。

增加顧客不能光靠努力，要使用座位周轉數、座位使用率等數字分析實際情況，清楚掌握問題，方可定出有效對策。

比方說平日、假日、不同時間帶的顧客人數與同伴人數都不同，關鍵便在於配合自家的形態特色，隨時段改變座位格局，或是配合顧客單人及團體之需求，設計座位導覽與座位配置。

3-7 創造能提升營業額的攬客招數

考慮攬客方法時，許多人會費心設計美食網站或傳單格式，但第一步應該是「迷人的招牌」。若顧客沒注意到這家店，根本就不會上門。

宣傳店面的方式分成招牌宣傳和網路宣傳，而每天對門前行人進行的實體宣傳，自然較為重要。因為門前行人上門的可能性最高，當然必須用心設計外觀與招牌，讓行人覺得「這家店真迷人」「下次要進去看看」。

大多數店家來找我商量的時候，項目都鎖定在菜色、裝潢等店內細節，但有很多店家其實「只要改一下招牌設計就能提高營業額」。招牌確實有提升營業額的能力。

招牌要注意「一百公尺與十公尺」！

尤其是郊區路邊的小店，招牌標準在於「開車顧客能否在一百公尺前就看清招牌？」所謂「看清」，不是知道有一家店，而是要讓顧客知道這是家什麼樣的店。無論顧客願不願意，都會看到「那裡有一家○○店！」。

另一方面，若是店面坐落於繁華地段，關鍵便在於讓步行顧客在十公尺前發現店家的存在。

　　第一點，要站在顧客立場，以冷靜的眼光觀察店面外觀。如此會改變以往自己對招牌的看法，發現從未注意到的事情。

　　例如原本以為招牌顏色很顯眼，看了之後才發現招牌融入四周景色之中，一點都不顯眼；或是招牌顯眼，卻只看得懂店名，不知道究竟賣些什麼。這種招牌效果肯定不大。招牌必須使人感受到店家的魅力，傳達誘人上門光顧的訊息。

▣ 不同種類的招牌有不同效果

　　招牌種類五花八門，而吸引顧客上門的基本流程則是「直式招牌→門面招牌→門口看板」。

　　「直式招牌」的功用在於宣傳店家的產業與型態。有些招牌把店名寫得老大，乍看之下很搶眼，但若不是什麼知名品牌，一般店家的店名並沒有太大效果。基本上，顧客會先注意這是什麼樣的店家。而直式招牌的功能便是要告訴顧客，這家店是什麼樣的店。

首先是直式招牌，宣傳重點在於「這裡有家○○店！」「是家什麼樣的店。」

　　而設計「門面招牌」時的關鍵，就是店家稱號（店家的形容詞）。除了名牌店家之外，顧客不太會看店名，而是看稱號，才會覺得「我想去這家店！」

　　因此關鍵在於用稱號表現出店家的魅力、賣點、差異性。

◉ 門面招牌範例

用稱號傳達店家魅力。

稱號變更範例

 範例❶

Before

倫敦酒場
Aaron

➡️

After

上等金氏黑啤酒
現做鮮魚&薯片
Aaron

 範例❷

Before

「燒肉店
　木槿花」

➡️

After

「超美味燒肉石鍋拌飯
　　燒肉 木槿花」

 範例❸ 雙重變更範例

Before

牛排&漢堡
Heros

➡️

After 1 （這樣就能增加營業額）

一磅重牛排&漢堡
搭配手工醬料！
Heros

⬇️

After 2 （營業額更加提升）

一磅大牛排
手工牛肉漢堡
Heros

稱號比店名
更重要。

111

最後是「門口看板」。人就算看到不錯的店，心理上也不會立刻進去用餐。「這家店確實不錯，但是…」這就是猶豫的心理，因此關鍵在於如何消除這個「可是」。顧客第一次光顧時，猶豫的理由包含「多少價位啊？」「有哪些菜色呢？」「我上這家店不會很麻煩吧？」（女性、男性、家庭、團體之類）等等。

　　門口看板的任務便是消除顧客的迷惑。請寫明菜色與價位，消除顧客的疑慮吧。

◉門口看板範例

門口看板的功能，是給初次上門而迷惘的顧客推上一把。

⌨️開發新客人的成本，是維持老顧客的五倍以上！

前面已經提過餐飲業有個「三次小主顧，十次老主顧」法則（參考3-1）。對餐飲店來說，十位顧客中只有五位，甚至是兩三位會再次上門，若沒有什麼特別的「機制」吸引同一位顧客上門三次，甚至連營業額都難以維持。

話雖如此，持續開發新顧客也非易事。根據Unity Marketing Solutions有限公司調查顯示，一般日本餐飲店的營業額比例為「新顧客70%，老顧客30%」。

目前日本多數餐飲店的現狀，是對「需要宣傳與招攬活動的新顧客」投入比「會花大錢捧場的老顧客」更多的資金。一般來說，開發新顧客的成本會是維持老顧客的五至七倍。

而這種現狀也正是經營困難的問題所在。既然好不容易開發了新顧客，請務必努力讓顧客再光顧個兩三次。

降價的風險比漲價更高

我在建議菜色或菜單的時候，尤其重視最後一個步驟，便是設定價格。價格當然有調漲也有調降，但整體來說都是調漲。

關於漲價與降價，《日經MJ》（2010年7月23日刊）有則有趣的報導。報導內容大致如下：「漲價的店家中，事後有六成認為自己判斷正確；降價的店家中，事後有六成抱持不滿或疑慮。有三成店家漲價之後利潤增加，但只有一成店家降價之後利潤增加。」

請問你如何看待這個結果？

假設成本降低20%，售價也降低20%，要想毛利不變是不可能的事情。

要降低兩成售價，卻維持毛利不變，可以稍微計算一下「應該增加多少顧客？」「每位顧客應該加點多少餐點？」想必你立刻會明白這是多麼荒唐的事情。

如此說來，降價的失敗機率確實比漲價更高。任意進行高風險的降價行為，等於是拿石頭砸自己的腳。

第**4**章

掌握人員與
店內空間的數字

靠人員管理與店面規畫來有效提升營業額

比較老闆（經營者）工時與員工總計工時

　　經營店面的目的，在於增加顧客滿意度，並確保營業額及利潤符合規畫。這必定要透過員工才能實現。因此經營者與老闆的煩惱之一，就是「如何才能提高全體員工的工作效率」。

　　假設只有老闆（經營者）一人，或是夫妻倆足以一手包辦整家店，便不在此限。但若顧客人數較多，無論對自己的做菜工夫多麼有自信，或是待客態度無比良好，只有一個人也忙不過來。

　　店家規模越大，越要有分擔業務的員工來維持店面營運，但員工人數多又不保證工作必定順利，才是令人煩惱。

🧮 算出老闆工時占總工時的比例

　　用工時來探討這個事實吧。

　　假設店內所有人的單月總工時為 500 小時，老闆工時為 200 小時，則老闆比例為 $200 \div 500 \times 100 = 40\%$（200/500）。只要是老闆，這種程度拚一下應該不算什麼。相較之下，員工工時有 300 小時，代表「管理者的間接消耗時間為 2」比上「現場工作者的直接消耗時間為 3」。這稱為「直接間接

比例」。意思是「2」要管理「3」來達成工作目標。

　　但若是當月總工時達到 2000 小時的規模，老闆的工時依然是 200 小時，因此老闆的比例為 $200 \div 1000 \times 100 = 10\%$，剩下的無論如何拚命也填不滿，不可能光靠體力解決問題。

　　直接間接比例為 $200 : 1800 = 1 : 9$，「1」要管理「9」來達成工作目標，也需要比前一個例子更強的管理能力。

　　無論靠直覺，或是事先看數字，都能明白員工人數越多，管理便越困難。

◎ 觀察老闆與員工的工時比例

店家當月總工時

500 小時

老闆的當月工時

200 小時

$200 \div 500 \times 100$
$= 40\%$

員工的當月工時

300 小時

$300 \div 500 \times 100$
$= 60\%$

4-2 以勞動生產性檢查員工的工作狀態

　　接著來探討表示員工工作狀態的勞動生產性。所謂「勞動生產性」，即是每人每年能製造多少毛利的指標（打工部分需將工時加總，換算為員工人數）。

　　根據日本中小企業廳統計資料顯示，日本所有產業的平均勞動生產性為590萬日圓，但餐飲業平均卻不到300萬日圓。之後會說明，人事費的支付範圍必須限制在總利潤的50%以內；也就是說，每年每人應獲得150萬日圓的人事費。

　　每年只有150萬日圓的薪資！為什麼現狀如此嚴酷，餐飲業卻依然能持續運作？原因只有一個，員工結構中打工的比例特別高。因為此金額只能勉強維持員工生活，若雇用有家庭的正職員工，更是難以度日。

🧮 人不是「成本」而是「資源」

　　本書為計算管理書籍，包含人事費在內的所有經費都稱為成本，但在經營上，人並不是成本，而是資源。餐飲業並非以自動販賣機販賣餐點，而是「人指揮人去服務人的生意」。最後能掌握營業額高低的關鍵都在於人。因此「人才」

二字寫成「人財」也不為過。

　　FL成本也不該想成「食材（成本）＋人才（人事費）」，而是「食財＋人財」。亦即不該去管理FL成本，而是要活用它。

　　因此要多多讓員工參與一般待客及料理之外的各種活動，例如更新美食網站或部落格，設計傳單、DM、感謝信，寫POP等等。如此一來，員工對店家的忠誠度也會提升。

　　我認為基本上任何工作都可以交給打工人員試試看。當我們認為「這些人只是打工」，對方才會認為「自己只是打工」。餐飲店員工的主力在於打工，因此關鍵在於如何提升他們的道德與鬥志。請看生意興隆的店家，打工人員必定十分熱情。畢竟對顧客來說，眼前是打工族或正職，一點也不重要。

以勞動分配率思考
人事費支付比率

檢討人事費必須考慮勞動分配率

在檢討人事費時，勞動分配率是相當重要的指標。「勞動分配率」表示店面所產生之利潤需要花多少人事費。

計算公式為人事費除以毛利。計算結果可用來決定店面毛利之中，有多少應分配給勞動部分（人事費）。

！必記算式

勞動分配率（％）＝人事費÷毛利×100

比方說毛利為5000萬日圓，若人事費（包含薪資之外的徵才費等經費）為2000萬日圓，則勞動分配率為40％（2000萬日圓÷5000萬日圓×100）。

勞動分配率最多只能占毛利的50％

人事費包含理監事報酬，所有員工人事費，法定福利費，勞健保，徵才費，教育研習費等等。

一般來說，勞動分配率必須控制在毛利的一半（50％）

人事費之架構

理監事報酬和全體員工人事費

法定福利費　　勞　健　保

徵　才　費　　教育研習費

別忘記薪資
之外的
人事費喔

以內。如前所述，勞動分配率等於人事費除以毛利，若數值高於50%，則必須減少人事費或增加毛利。之後會提到減少人事費的方法，有「直接減少金額」或是「增加工作效率」。至於提高毛利，第二章已經說明過，就是「增加營業額」「降低成本」「增加毛利」。提高營業額的方式如第三章所述，由「顧客人數×顧客消費單價」等「六大觀點」來達成。想降低勞動分配率，並非只有刪減人事費那麼簡單，應該多方面進行。

設定勞動分配率，就能將毛利歸入計畫中

實際計算一下吧。年營業額1億日圓的店面，若毛利為

40%，則有4000萬日圓（1億日圓×40% = 4000萬日圓）。

　　若該店面的人事費為2000萬日圓，勞動分配率則是50%（2000萬日圓÷4000萬日圓×100），尚在可接受的範圍內。但若人事費為2200萬日圓，勞動分配率達到55%（2200萬日圓÷4000萬日圓×100），便超過50%的安全範圍。如此一來便必須確認實際作業內容，檢討員工效率，執行之前所說的各種措施。

小專欄

沒用完的徵才費用應如何處理？

　　人事費除了薪資之外，還包含徵才費。若徵才費沒用完，可直接轉為人事費。若希望員工更有向心力，可讓員工了解，多餘的徵才費將轉為人事費。

　　若公司本身不花徵才費，應排除「經費多出來了」「勞動分配率控制在45%，等於多了5%的人事費沒地方花」之類的想法。應敲定人事費固定為毛利的50%，並對員工開誠布公，如此也能提升第一線的道德感與鬥志。

4-4 以時數管理人事費！

■若值勤型態五花八門，則以總工時來管理

餐飲業界的打工比例較高，與正職員工搭配執行各式各樣的工作，因此換算為總工時的管理效率最高。

至於人事費對營業額的比例，也應換算為具體時間，以「人工時（小時數）」來管理。

經營人經常會命令第一線負責人「把人事費比例控制在營業額的30%以內！」但第一線負責人並不了解如何進行，只是徒增困擾。因此，請不要下達朦朧的指示，要具體地指出「30%就是換算成幾小時」「每個月的工時要控制在幾小時以內」。以工時進行說明，第一線負責人也比較容易找出對策。

■有效調動員工

餐飲店經常在湊齊了員工之後，才發現沒有考慮到巔峰時間或假日，只好視員工個人狀況，誰有空就誰值班。如此肯定無法正確管理人事費。想適當管理人事費，首先要以30分鐘（0.5小時）為單位來切割一天，分出店面的巔峰時間

	時間	9	10	11	12	13	14	15	16	17	18	19	20	21	時間
用餐區	社員A	1	1	0.5	1	1	1	0.5	1	1					8
	社員B				1	1	1	1	1	1	0	1	1		8
	P/A1		1	1	1	1	1	1	1	1	1				9
	P/A2			1	1	1	1	1	1	1	1				8
	人 數	1	2	1.5	3	4	4	3.5	4	4	3	1	1	1	33
廚房	時間	9	10	11	12	13	14	15	16	17	18	19	20	21	時間
	P/A3	1	1	1	1	1	1	1	1						8
	P/A4			1	1	1	1	1	1	1	1				8
	P/A5						1	1	1	1	1	1	1	1	8
	P/A6				1	1	1	1	1	1	1	1			8
	人數	1	1	2	3	3	4	4	4	3	3	2	1	1	32
總計	人數	2	3	3.5	6	7	8	7.5	8	7	6	3	2	2	65

※0.5＝30分鐘 P/A為打工

按時間妥善分配人力
工時

與空閒時間。接著算出每一段時間，每個工作區塊需要多少
人力，再來配置員工人數。

　　亦即先決定每30分鐘所需的人力，進而排定整天所需
的人力，最後再將員工排入人力需求之中。這個順序非常重
要。

離職率7%真是完美！

日本有家成長企業「傳奇合作公司」，在全國各地經營「丸源拉麵」「大阪燒本舖」「燒肉大王」「一番燒烤」等餐飲店。

根據日本厚生勞動省的統計資料顯示，全日本產業的平均離職率為16%，餐飲業更是高達28%。亦即餐飲業的離職率為其他產業的兩倍左右。但傳奇合作旗下的離職率竟然只有7%！是全產業平均值的一半以下。

目前的日本餐飲業與以往相比，有越來越多公司開始重視人力資源。也越來越多經營人公開表示「員工第一，顧客第二」「員工就是我的家人」。以往日本餐飲業的慘況有如小說「悲慘世界」，因此我對現狀感到非常欣慰。

雖然經營店面時，重視人力資源不代表生意一定興隆，但很明顯地，不重視人力資源的公司絕對無法成長。

如何計算出適當的人事費？

📟 判斷員工勞動生產性的指標

考慮員工待遇時，需要一項指標來說明員工工作效率之高低。那就是「勞動生產性」。

勞動生產性等於附加價值除以員工人數。此處所說之附加價值便是毛利。亦即分析每一個員工所製造的毛利金額。

分析結果中，每人每小時創造之營業額稱為「人時營業額」，每人每小時創造之毛利稱為「人時生產性」。

全日本勞動生產性的年平均額為 590 萬日圓，但餐飲業

❗ 必記算式

勞動生產性（日圓）＝附加價值（毛利）

÷ 正職員工人數

※此處所說之正職員工，代表所有員工全年總工時 ÷ 正職員工法定工時所算出的數字。

之年平均值卻不到300萬日圓。如4-3所言,這部分金額的50%會成為員工人事費。也就是說,在日本餐飲業界工作的人,每人每年收到的人事費只有150萬日圓。當然,實際上每位員工應該會領得更多。

餐飲業的另外一個問題,就是員工加班提供服務。雖然漸有改善,但加班依然是小型餐飲店的支柱之一,也因此造成許多勞資糾紛。

人時營業額:單一員工於一定時間內創造的營業額

「人時營業額」表示一位員工在一定時間內能創造的營業額數字。此處之總工時,代表所有員工的總工時。

對中小規模之餐飲店來說,若時間計算正確,每人每小時的營業額必須確保在4000日圓左右。以員工待遇來說,這個數字並不算太好,但至少能提供一定報酬。

> **必記算式**
>
> 人時營業額=一定時間內之營業額
> 　　　　　　÷相同時間內之總工時

📱人時生產性：單一員工於一定時間內創造的毛利

「人時生產性」表示每位員工每小時所製造的毛利。假設人時營業額為4000日圓，毛利率為70%，則人時生產性為2800日圓。

> **❗ 必記算式**
>
> 人時生產性＝一定時間內之毛利
>
> 　　　　　　÷相同時間內之總工時
>
> 　　　或者
>
> 人時生產性＝人時營業額×毛利率

想提高人時生產性，有以下四種方法。

提高人時生產性之四種方法

①提高營業額

②提高毛利率

③降低成本率

④若營業額不變，則提高作業效率，以較少人數達成工作

人時待客數：單一員工於一定時間內接待的顧客人數

另一個不同於人時生產性的指標，便是「人時待客數」。人時待客數表示每位員工在一定期間內可招待多少顧客。尤其是櫃檯服務型的速食業、咖啡廳，使用此指標更能表現員工作業效率。

必記算式

人時待客數＝一定時間內之上門顧客人數

÷同樣時間內之總工時數

計算必要的毛利與營業額

除了人時生產性與人時待客數之外，掌握「每位員工必須製造多少營業額或毛利」的具體目標，也相當重要。目標設定方式為單人人事費除以勞動分配率，便得到最低毛利需求。求出目標後，員工自然會產生明確的目標意識，主動思考「一個月要賣出幾套4000日圓的晚餐」，改變待客態度與溝通方式。

每人必須毛利額＝每人人事費 ÷ 勞動分配率

　　若將每人必須毛利額除以毛利率，就可算出每人必須營業額（銷售目標）。

每人必須營業額＝每人必須毛利額 ÷ 毛利率

　　假設每年支付每位員工400萬日圓之薪資（為了簡化過程，人事費不包含薪資以外之項目），每位員工年工時為2000小時，則人時營業額應該是多少？

　　400萬日圓除以2000小時可得到時薪。也就是400萬日圓÷2000＝時薪2000日圓。

　　假設該店之勞動分配率為50%，毛利率為70%，則可由以下過程算出每人每小時所需之營業額。

　　毛利必須是時薪的兩倍，等於4000日圓，也就是必須之人時生產性。人時生產性等於人時營業額乘上毛利率，因此必須之人時營業額為4000日圓÷75%＝5714日圓（小數點以下捨去）。

也就是說，若要一位員工每年工作2000小時，並支付400萬日圓的報酬，則該員工每小時必須達成5714日圓之營業額。

但日本餐飲業的正職員工實際報酬並沒有那麼高，之所以能繼續經營，原因正如4-2的說明內容。

以數字挑地段的重點

在 2-6 中提過 FLR 成本必須 ≤ 70%，再加上「FL 成本
≤ 60%」的先決條件，意即租金基本上只能占營業額的 10%
以內。也就是說在挑選地段時，只要注意該地租金是否能創
造十倍的營業額即可。

當然，都市與郊區的租金必然有差距。都市地段的租金
通常都在營業額的一成以上，因此必須相對刪減 FL 成本，
使 FLR 成本整體控制在 70% 以內。都會與郊區的租金與營
業額條件都不同，但死守「FLR 成本 ≤ 70%」卻不會改變。
以理想狀況來說，「郊區租金」配「都會營業額」最能賺錢。

> **❗ 必記指標**
>
> 租金 ≤ 營業額的 10%

店面設計源自於概念

在具體檢討店面設計時，必定要依據事先設定的店面概
念來決定一切細節。3-6 也說明過，店面概念就是①對誰的

②何種利用動機，③提供什麼商品與④什麼銷售方式？

　　從概念出發，首先要決定格局。所謂格局，具體來說就是決定入口、座位、廚房、廁所、收銀台、後台（辦公室、倉庫、更衣室等等）的配置。

　　接著是裝潢，最大關鍵在於是否容易維護。「看起來美觀卻不好打掃」的裝潢，剛開張或許還可以，但只要過個一年半載，肯定慘不忍睹。要以容易維護為優先，再配合概念營造氣氛。

　　至於設計施工，可以請熟識的上游廠商介紹。即使是毛巾公司、送貨公司，只要熟識皆可。認識這些廠商，即可請對方介紹裝潢業者以及其他廠商，拓展人際關係。

　　但若經由創業製作公司或創業顧問介紹，則要特別注意；這些公司很容易在預算裡灌水抽成，所以一定要索取報價表。光看「顧問費」「製作費」或許不高，但通常會向介紹的裝潢業者收取不少回扣。

挑選設備機器要重視運轉成本！

　　無論如何控制初期成本，減少初期花費，若購入之設備的電力、瓦斯、自來水、維修、耗材等運作成本過於昂貴，長遠來看依然毫無意義。例如這項設備需要特殊燈泡，每次

買新的划算還是買舊的划算

開餐飲店的投資項目中，最花錢的就是廚房，因此不少店家會購買中古貨。目前購買中古廚房設備也方便不少。

購買中古廚房設備確實可以降低成本，但中古設備同時可能產生維修費用。而且維修費用通常相當驚人，不可小覷。

其實網購、網拍上很容易買到便宜的全新廚房設備，就算從實體店面購買全新品，考慮到售後服務的話，其實相當便宜。並非全新必貴、中古必廉。

購買廚房設備時請勿只看價格，還要考慮使用年限與運轉成本。

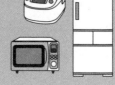

燈泡壞掉就要請業者親自來換，那就太糟了。

店面所設置的機器，最好盡量挑選通用規格產品，較為方便。例如電鍋，與其買大型專業電鍋，不如多買幾個家用電鍋，可以隨時提供顧客熱騰騰的米飯，故障時又能輕易購置新品。

📟座位：廚房（含其他面積）為6：4～7：3

　　店面之格局規畫，應充分考慮員工動線，方便員工做事。如果不方便工作，員工便不會久留，沒多久便辭職。別只是照著專業設計師的藍圖做，請記得假設實際活動狀況，檢查食物收放、人員移動是否方便。

　　具體來說，可在寬廣空間中試著畫出廚房的實際格局，堆上紙箱，模擬廚房格局來活動看看。當然最好還是找親朋好友，多看幾間實際廚房的格局。

　　座位區與廚房及其他設備區的分配也很重要。店家規模與型態不同，空間分配率也不同，難以一概論之，但以二十坪的店面來說，參考標準為「座位：廚房（含其他面積）為6：4～7：3」。

9.5坪店面月營業額1500萬日圓!?

並非每家站位（無座位）酒館都會賺錢，但賺錢的站位酒館，周轉率一定很高。

一般來說，顧客在站位酒館花的時間只有座位餐飲店的一半。因此周轉率可達到兩倍。而且站位酒館可容納的顧客人數也是兩倍。

理論上，若站位酒館與坐位餐飲店的面積相同，營業額效率應該是坐位餐飲店的四倍（2×2）。

一般日本餐飲店每坪的平均月營業額若達到20萬日圓，即可稱為生意興隆，然而東京新宿三丁目的「日本再生酒場」卻創造了奇蹟，9.5坪的店內空間，月營業額竟高達1500萬日圓。

這家店的老闆石井先生，為了祈求日本重生，希望每位上門的顧客都能打起精神，才取了這樣的店名。新宿三丁目的好地段當然是成功祕訣之一，但迷人又清晰的概念，勇冠群倫的商品品質，以及襯托兩者的裝潢氣氛，才是真正成功的關鍵。

4-7 貸款的安全上限何在？

　　本章在最後要討論的是，在獲得人員與空間時，必定會接觸到的貸款問題。

　　開店營運需要資金，但實際上很難完全以自有資金處理，因此一定程度的貸款也是在所難免。這正是要小心謹慎的部分。

　　一般來說，貸款金額若為月營業額的兩到三倍，仍屬於安全範圍之內。若超過四個月份，償還便有困難；超過六個月份，資金調度便陷入嚴重危機之中。

　　假設利潤率為5%，並為了簡化問題，使利潤＝償還資金，且不考慮任何利息，來計算一下償還狀況。5%等於是總營業額的二十分之一，貸款若是兩個月份，就要償還四十個月（20×2個月＝3年4個月）。四個月份則是八十個月

◎貸款金額與店家危險訊號

貸款金額	經營狀態
月營業額2~3個月份	健全
超過4個月份	黃牌（有些危險）
超過6個月份	紅牌（非常危險）

🌀 利潤率5%所需的償還時間

營業額	以5%獲利償還所需時間
2個月份	40個月（3年4個月）
4個月份	80個月（6年8個月）
6個月份	120個月（10年）

很難持續還款

（20×4個月＝6年8個月）

要是貸到六個月份，則成為一百二十個月（20×6個月
＝10年），光看這數字，便可想見清償貸款將非常困難。

第 **5** 章

了解庫存與
進貨的數字

精確掌握下單時機與庫存量的訣竅

食物庫存的
兩大危險性

📟 餐飲店缺貨便收關存亡

為了穩定成本率，隨時提供菜單上所有餐點，必須將材料庫存維持於一定水準。

庫存越多，代表資金越死（換成了庫存）。當然也需要越多儲存空間。個人經營的餐飲店通常規模不大，若再加上大量庫存，廚房便難以整理，材料也不好管理。

而且過多庫存，便難以遵守「先入先出」（先進貨的先用）原則。若長期保管庫存材料，品質自然會惡化，過剩材料可能成為「廢棄耗損」。

但要說庫存少了就好，倒也不盡然。

餐飲店必定要避免餐點缺料的情況。顧客難得上門用餐，卻只聽到一句「已售完」，對店家來說有兩大損失。

第一就是辜負顧客期待，有「老顧客流失的危險性」；另一點為損失營業額、利潤的「機會流失的危險」。最後都可能流失顧客，降低營業額，整體成本拉高，陷入惡性循環之中。

為了避免這種危險，必須隨時正確清點庫存，小心下訂進貨。

◎ 食物庫存的兩大危險

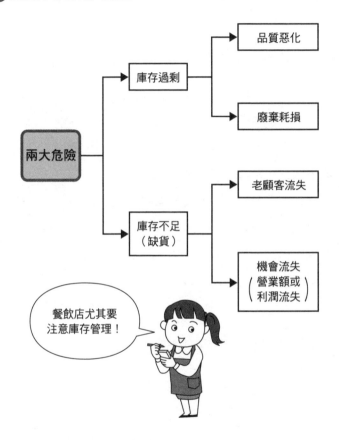

5-2 正確庫存為 三天份

📊 保存期限短的材料應如何處理？

不同風格、型態所需的正確庫存也不盡相同，本節要介紹一個判斷指標。

餐飲店經手的大多為生鮮食品，保存期限較短，應該維持多少庫存較為合理？

理想上，菜單上的所有餐點都應該要有庫存，但並非所有材料數量都要一樣多。因為每道餐點的點餐數量不同，不同餐點使用某種材料的分量也不同。有關使用分量，請列出第二章所說明之食物成本表，便可掌握分量。

📊 觀察點餐頻率來決定庫存

觀察點餐頻率可以決定庫存量，此時可使用6-1所介紹的ABC分析。從以往之點餐結果中，仔細找出「熱門餐點是什麼」「一定時間之內的平均營業額多少」，以及「不受歡迎餐點是什麼」，做為庫存量及進貨量的參考。

另有一說，理想的庫存量為三天份，但這只是總庫存金額的參考指標。此處所說的總庫存包含了所有酒類、蔬果

類、海鮮類，而各種食物的保存期限並不相同，該指標並非設定所有食物保存期限皆為三天。除非有些材料是進貨當天就必須用完，否則只要兩周進貨一次即可。所謂三天份，是指材料一個月周轉十次。由於材料有鮮度問題，請維持每月周轉十次的速度。

◎ 材料庫存量的思維

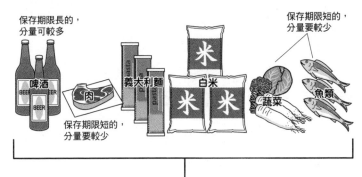

保存期限長的，分量可較多

保存期限短的，分量要較少

啤酒

肉

義大利麵 pasta

白米 米 米

蔬菜

魚類

保存期限短的，分量要較少

總金額為三天份

分別用兩種下單方式進貨

　　當庫存減少時，應該什麼時候下單，又該進多少數量，是非常困難的決定。即使是熟練的員工，也不容易預測有多少顧客上門，又會點什麼料理。因此要記住「定量下單方式」「定期下單方式」兩種下單方法。

　　「定量下單」就是先決定庫存量，並隨持保持定量的下單方法；另一方面，「定期下單」則是決定下單日期，定期下單的方法。

📟 保持一定庫存量的「定量下單方式」

　　「定量下單方式」即是先決定各道餐點所使用的材料「最少該有多少量」，一旦數量不足便清點庫存，決定下單進貨時間。

　　比方說「材料A庫存少於十公斤，則進貨三十公斤」，或是「材料B庫存少於三十個，則進貨一百個」，只要數量低過一個標準，便採買一定分量。

　　此方法是應分量做機械式下單，因此有以下優點：①不易出錯，缺乏經驗的新員工也能立刻上手；②庫存固定，不容易造成過量庫存。

◎ **定量下單方式與定期下單方式之差異**

	定量下單方式	定期下單方式
下單時機	不定期（低於目標庫存量則下單）	定期
下單量	定量（設定下單量）	每次都要預測需求
優點	不易出錯，新進員工也可處理	必須看需求臨機應變
缺點	無法對應需求變化，容易損失銷售機會	難以判斷下單量
注意事項	需仔細調整目標庫存量與目標下單量	清點庫存量時需驗證下單量，不斷提升下單量精確度

　　但是當商品趨勢出現大轉變時，固定數量可能就無法應付；因此缺點就是會造成「廢棄耗損」或「銷售機會流失」。因此應考慮不同季節之銷售方法，以及每月營業額規模變動，仔細調整目標庫存量與目標下單量。

🖩 於固定日期採購必要分量的「定期下單方式」

　　「定期下單方式」為決定固定下單時間，例如每天晚上九點、每周三之類，於下單時間計算庫存量再行下單。

　　前面的定量下單方式，沒有固定之下單間隔，而定期下

單方式則有固定的下單間隔。

此方式會在下單前調整必要下單量，可因應需求隨機應變。若是商品大受歡迎，就大量訂購該商品相關材料；若預見該商品不受好評，則減少採購該商品使用材料。

以此方法，因為每次下單都需要決定下單量，必須具備純熟眼光方可判斷。新進員工或打工族便不適合此法。

小專欄

正確的下單量

説到下單，讓我説個總店與分店之間的訂單笑話。

某家公司的某家分店，把感熱紙用完了，因此向總店下單索取。感熱紙兩卷一包，因此分店每次下單必須以兩卷為單位。但下單數量＝必須數量－庫存，本次需求看來應該是五卷，結果一下單，總店還特地拆開包裝，湊五卷送過去。

這其實是相當繁複的作業，而且硬是從保護套中取出，也會損及感熱紙的保存狀態。其實不需要特地拆包裝，直接送六卷即可。因此總店也應該設定供給量（下單量）以兩卷為單位。

第 6 章

打造熱門好店的
菜色＆價格策略

顧客心理學表現在數字上

6-1 調整菜單內容必備的 ABC分析

　　在調整菜單的時候，必須分析「什麼商品受歡迎又能製造毛利」，以及「什麼商品不受歡迎又不能製造毛利」等等。分析數字之後，再來決定哪些要留，哪些要刪。若只是靠感覺認為「這個好像很暢銷」，營業額不可能提升。此時必定會用到的，正是「交叉ABC分析」。

　　在說明交叉ABC分析之前，要先說明普通的ABC分析。「ABC分析」是根據某項指標，將商品分為A級、B級、C級三等級，來進行分析。調整菜單內容之目的在於「分類商品，判斷商品之優先順序」。至於各項商品該如何評定等級，一般有以下兩種標準。

◎ 一般之銷售ABC分析標準

群組	營業額
A	占總營業額70%之商品（從銷售最高的開始列出）
B	剩餘70%～90%之商品（除了A之外占營業額前20%的商品）
C	剩餘10%之商品

只要代入就好！

以營業額進行ABC分析

由於單月數字容易受到季節影響，造成數字失真，因此可以三個月為單位蒐集資料，並按照以下方式處理。

> **ABC分析順序（以「營業額」為標準）**
> ①照銷售數字由高至低列出商品（餐點）
> ②由最高者開始列出累計營業額
> ③由累計營業額算出累計營業額比例
> ④根據累計營業額比例，將前70%之商品歸為A群組，剩下70%～90%歸為B群組，最後90%～100%歸為C群組

某店面之營業額ABC分析表

商品名	1月	2月	3月	總　計	比例	累計比例	群組
商品①	110萬日圓	110萬日圓	110萬日圓	330萬日圓	33%	33%	A
商品②	80萬日圓	90萬日圓	80萬日圓	250萬日圓	25%	58%	
商品③	40萬日圓	40萬日圓	50萬日圓	130萬日圓	13%	71%	
商品④	30萬日圓	20萬日圓	10萬日圓	60萬日圓	6%	77%	B
商品⑤	20萬日圓	10萬日圓	20萬日圓	50萬日圓	5%	82%	
商品⑥	20萬日圓	10萬日圓	20萬日圓	50萬日圓	5%	87%	
商品⑦	10萬日圓	10萬日圓	10萬日圓	30萬日圓	3%	90%	
商品⑧	10萬日圓	10萬日圓	10萬日圓	30萬日圓	3%	93%	C
商品⑨	10萬日圓	10萬日圓	10萬日圓	30萬日圓	3%	96%	
商品⑩	10萬日圓	5萬日圓	5萬日圓	20萬日圓	2%	98%	
商品⑪	20萬日圓	0萬日圓	0萬日圓	20萬日圓	2%	100%	
總計 1000萬日圓							

※為了方便理解，金額以10萬日圓為單位，比例捨去小數點以下部分。

📠製作營業額的 ABC 分析圖

　　下表便是根據前一頁表格所畫出之圖表。長條圖代表

🌀某店家之營業額 ABC 分析圖

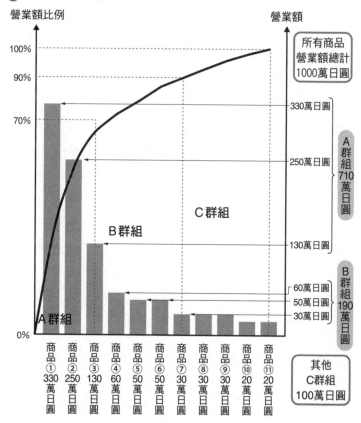

營業額，曲線圖代表累計營業額比例。於此範例中，商品①～商品③為Ａ群組，可以發現總營業額1000萬日圓中，三項商品的營業額便占了710萬日圓（約總體之71%）；商品④～商品⑦為Ｂ群組，營業額總計為190萬日圓，占總體營業額的19%。Ａ群組的71%與Ｂ群組的19%相加，即占了90%的營業額比例。

剩下的商品⑧～商品⑪為Ｃ群組，此群組總計營業額為100萬日圓，占總營業額的10%。

🖩 Ｃ群組是不要的商品？

進行ＡＢＣ分析時，是否可將Ｃ群組定義為「賣不出去，死路一條，所以要刪掉」？

ＡＢＣ分析僅是相對評價，因此假設把所有Ｃ群組商品都刪除，也還是會出現新的Ｃ群組。其實Ｃ群組商品也可能是「營業額低但對利潤（毛利）有貢獻之商品」。只要對利潤有貢獻，即使是Ｃ群組商品也無需刪除。

可見光靠一般的ＡＢＣ分析，很可能刪除不該刪的商品，因此要進行「交叉ＡＢＣ分析」做更詳細的研究。6-3將說明交叉ＡＢＣ分析。

6-2 以毛利進行 ABC分析

🖩 毛利額的ABC分析

另外還有毛利的ABC分析。本範例中的毛利指的不是單道餐點,而是三個月份的總毛利。

比方說商品①的價格為500日圓,假設成本率為30%。此時商品①成本為150日圓,單點毛利為350日圓。

但換算至三個月份時,商品①被點了6600次,則總營業額為500日圓×6600道＝330萬日圓。

亦即總毛利為350日圓×6600道＝231萬日圓。依序列出此金額來進行ABC分析即可。

🌀 某店家之毛利ABC分析表

商品名	1月	2月	3月	總　計	比例	累計比例	群組
商品①	77萬日圓	77萬日圓	77萬日圓	231萬日圓	33%	33%	
商品②	56萬日圓	63萬日圓	56萬日圓	175萬日圓	25%	58%	A
商品③	28萬日圓	28萬日圓	35萬日圓	91萬日圓	13%	71%	
商品④	21萬日圓	14萬日圓	7萬日圓	42萬日圓	6%	77%	
商品⑤	14萬日圓	7萬日圓	14萬日圓	35萬日圓	5%	82%	
商品⑥	14萬日圓	7萬日圓	14萬日圓	35萬日圓	5%	87%	B
商品⑦	7萬日圓	7萬日圓	7萬日圓	21萬日圓	3%	90%	
商品⑧	7萬日圓	7萬日圓	7萬日圓	21萬日圓	3%	93%	
商品⑨	7萬日圓	7萬日圓	7萬日圓	21萬日圓	3%	96%	
商品⑩	7萬日圓	3.5萬日圓	3.5萬日圓	14萬日圓	2%	98%	C
商品⑪	14萬日圓	0萬日圓	0萬日圓	14萬日圓	2%	100%	
總計700萬日圓							

※為了方便理解,金額以10萬日圓為單位,比例捨去小數點以下部分。

　　下圖為上一頁之毛利ABC分析表的圖表。長條圖表示毛利額，折線圖表示毛利比例。商品①～商品③為A群組，占497萬日圓（總體之71%）。商品④～商品⑦為B群組，占133萬日圓（總體之19%）。剩餘的商品⑧～⑪為C群組，占70萬日圓（總體之10%）。

◉ 某店家之毛利ABC分析圖

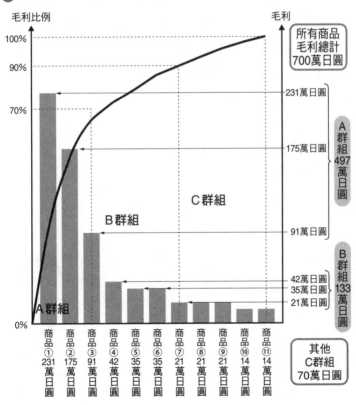

6-3 交叉ABC分析可提升商品分析精確度

使用營業額與毛利進行交叉ABC分析

前面提過，普通的ABC分析可能會刪到不該刪之商品。要解決此問題，可使用「交叉ABC分析」。使用指標為營業額與毛利。

交叉ABC分析，就是營業額分ABC三等級，毛利也分ABC三等級，因此有3×3＝9種組合。也就是AA、AB、AC、BA、BB、BC、CA、CB、CC九種。假設對Y店家的商品甲～商品子，以營業額與毛利進行ABC分析，便如上

Y店家之營業額與毛利交叉ABC分析表

	營業額ABC	毛利ABC
商品甲	A	A
商品乙	A	C
商品丙	A	A
商品丁	B	B
商品戊	B	B
商品己	B	B
商品庚	C	A
商品辛	C	C
商品壬	C	C
商品癸	C	C
商品子	C	C

◎ 某店家之營業額與毛利交叉ABC分析圖

營業額　ＡＢＣ

		C	B	A
毛利 ＡＢＣ	A	商品庚		商品甲 商品丙
	B		商品丁 商品戊 商品己	
	C	商品辛 商品壬 商品癸 商品子		商品乙

一頁表格所示。

　　上一頁之表格可轉換為上圖。請看商品庚與商品乙。

　　商品庚的營業額為C級，毛利為A級。也就是說商品庚雖然對營業額貢獻很少，但對毛利貢獻很高。偶爾確實會有這樣的商品。比方說平時會扔掉的鰻魚骨，可以拿來炸成仙貝，或是牛舌可以燉成小菜，如果受歡迎便可歸於此類。雖然此類商品對營業額貢獻不高，但毛利比例極高，對利潤必定有不錯之貢獻。

　　另一方面，商品乙的營業額雖然是A級，毛利卻是C級。偶爾也有這樣的商品，成本率較高（幾乎無利潤），點餐數量也多；可能是攬客用商品，或者只是單純算錯成本。

交叉ABC分析的重點如下一頁圖表所示，要檢查四個角落。AA（營業額◎，利潤◎）類商品，是對顧客與店家雙方都最有好處的商品。對店家來說，也是「想賣商品」的優先候補。

AC類（營業額◎，利潤×）商品是成本率高，銷售額也高的商品。對顧客來說划算又開心，但對店家利潤沒有貢獻。

這些商品可採取以下兩種看法。

（1）刪除無意義商品

若商品本身無意義，又要使用只有該商品才會使用之材料，則列入刪除商品候補名單中。

（2）有意義商品可保留或漲價

因為成本計算錯誤而定價過低的商品，通常會受到顧客大力支持，因此需要花心思漲價。

舉個實例，某餐廳曾經推出漢堡肉排配炸蝦定食，只賣600日圓，結果瘋狂暢銷。營業額的ABC分析為A級。但毛利ABC分析卻是C級。後來將這項商品之售價提高200日圓左右，但點餐數並未減少。

然而旋轉壽司店用來吸引顧客的虧本商品，成本率高

交叉 ABC 分析重點

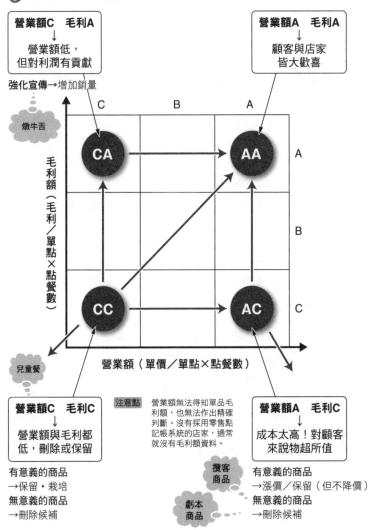

營業額C　毛利A
↓
營業額低，
但對利潤有貢獻

強化宣傳→增加銷量

燉牛舌

營業額A　毛利A
↓
顧客與店家
皆大歡喜

毛利額（毛利／單點×點餐數）

營業額（單價／單點×點餐數）

兒童餐

營業額C　毛利C
↓
營業額與毛利都
低，刪除或保留

有意義的商品
→保留・栽培
無意義的商品
→刪除候補

注意點 營業額無法得知單品毛利額，也無法作出精確判斷。沒有採用零售點記帳系統的店家，通常就沒有毛利額資料。

攬客商品

蝕本商品

營業額A　毛利C
↓
成本太高！對顧客
來說物超所值

有意義的商品
→漲價／保留（但不降價）
無意義的商品
→刪除候補

達90%，目的便在於吸引顧客上門，就策略上仍有保留之必要。

營業額與毛利都低的商品該如何處理？

有關CC（營業額×，毛利×）商品，看待方式與前面相同。亦即①無意義的商品直接刪除，②有意義的商品可保留或栽培。

這裡說的「有意義的商品」，包括兒童餐之類的商品。兒童餐可以吸引全家一起上門，可稱為有意義之商品。

附帶一提，上一頁圖中的箭頭方向，代表努力的方向性。根據分析結果與經營者的現場判斷，來決定①賣點商品②可推銷的商品③努力推銷的商品④刪除商品。

CA商品（營業額×，毛利◎）的商品策略為「強化宣傳」。會賺錢的商品當然越暢銷越好。

通常會以POS（零售點）記帳的資料來進行交叉ABC分析，但即使沒有資料，大概也知道每道菜的毛利如何。沒有資料可以手寫計算，不必太過精確。畢竟只是要為商品分類而已。

📟 以交叉ABC分析調整菜色與價格

在此介紹英式酒吧A的範例，該酒吧以交叉ABC分析掌握賣點商品，在三個月內創造了前所未有的營業額紀錄。

酒吧老闆原本是外資企業的上班族，為了創業而離職開酒吧。過了兩年，無論怎麼努力也無法提高營業額。我幫他調查經營狀態之後，發現店家強項在於金氏黑啤酒，而且是酒與泡沫上下黑白分明的混合啤酒（Half Beer）。老闆的人品（談話）與老闆娘親手做的菜也頗具特色。

因此決定將店家的概念方向改為「可享受金氏黑啤酒與老闆娘自製小菜的酒吧」，再根據菜單菜色分析結果，想出新的店家稱號，方便顧客理解這是一間「英式酒吧」。整體上仍是按照概念進行ABC分析，調整或刪減菜色。

接著將所有商品價格單位改為100日圓，並不賣任何1000日圓以上的餐點。少了四位數的餐點，可以消除顧客對店家的警戒心。

店家最受歡迎的暢銷商品（賣點商品）混合啤酒，若賣900日圓，成本相當吃緊，但選擇此價錢卻可以集中點餐量，採取薄利多銷策略。

結果該店家的顧客量與顧客消費單價同時增加，兩個月內的營業額比去年同期提升30%，第三個月更是提升到46%。

◉ 全部1000日圓以下，並統一以100日圓為單位的價目表範例

威士忌

Aaron自豪的威士忌！來自世界各地的豐富酒品！
※ 各種酒品若要加入蘇打水、螢光水、薑汁、可樂，另收150日圓。

■ 蘇格蘭混合威士忌

蘇格蘭威雀　　　　　　500日圓
最受歡迎的蘇格蘭混合威士忌

百齡罈12年　　　　　　600日圓
請品嚐12年純釀的濃醇風味

黑樽　　　　　　　　　600日圓
混合愛雷島各種威士忌與穀釀威士忌而成的名酒

起瓦士12年　　　　　　700日圓
圓潤口感，迷人芬芳

老帕爾12年　　　　　　700日圓
酒名源自於傳說中高齡152歲的湯瑪斯帕爾

■ 單一麥芽蘇格蘭威士忌

格蘭利威12年　　　　　600日圓
單一麥芽代表作。口味深厚。斯貝賽

格蘭菲迪12年　　　　　600日圓
世界最暢銷的威士忌。輕快爽口。斯貝賽

威鹿10年　　　　　　　600日圓
些許的朦朧圓潤。高地

波摩12年　　　　　　　700日圓
代表愛雷島的口味。最適合加蘇打水。愛雷島

大摩12年　　　　　　　700日圓
口感非常圓潤，廣受女性歡迎。高地

達爾維尼15年　　　　　800日圓
雪水釀成的豐潤口感。高地

高原騎士12年　　　　　800日圓
麥芽威士忌之名酒。群島

歐肯特軒10年　　　　　800日圓
狂野又溫柔。唯一經過三次蒸餾的蘇格蘭威士忌。低地

大利斯可10年　　　　　800日圓
IWSC金牌得獎作品！群島

拉弗格10年　　　　　　800日圓
英國王室御用威士忌。愛雷島

Big Smoke 60　　　　　800日圓
限量傑作！愛雷島釀造的一級品。愛雷島

雅柏10年　　　　　　　800日圓
愛雷島傑作，香氣濃烈。愛雷島

麥卡倫12年　　　　　　900日圓
單一麥芽中的勞斯萊斯。斯貝賽

克拉格摩爾12年　　　　900日圓
口味濃郁但口感滑順。斯貝賽

皇家藍勳12年　　　　　900日圓
高地麥芽威士忌大傑作，英國王室御用。高地

布納哈本12年　　　　　900日圓
迷人的海風芬芳。最清爽的單一麥芽威士忌。愛雷島

卡爾里拉12年　　　　　900日圓
濃烈超群。愛雷島

格蘭傑馬德拉木桶　　　900日圓
以馬德拉木桶釀造而成。高地

格蘭傑櫻桃木桶　　　　900日圓
以馬德拉木桶釀造而成。老闆推薦。高地

6-4 以菜色思考
如何製作菜色

💾品項要符合「T型分類」

菜單分類的「廣度」，意指種類的多樣性。例如酒，便有日本酒、啤酒、威士忌、燒酒、葡萄酒、酸酒等種類。分類越多，顧客越開心。

菜單分類有多有少，「T型分類」代表特定某種類之商品的數量與變化性，可用深淺來形容。分類的基礎，便是有變化又有深度。

比方說「本店有一百種酒精飲料」這句話並不會吸引顧客（暢飲店可能會強調數量）。還不如強調特定分類品項齊全，例如「精選燒酒一百種！」「梅酒一百種！」作出明確的差異性，才能夠吸引顧客。正如「T」字所示，分類多，而以其中一種分類的深度來取勝，而決勝分類取決於店家的概念。除了決勝分類之外，其他分類只要有最少底限的品項即可。

💾實踐T型分類來提升營業額

本節介紹燒肉店A的例子，正是藉由實踐T型分類，以廉價單品達成高顧客消費單價，進而生意興隆。

這家店將概念（肉商直營，肉品新鮮）清楚傳達給顧客，提供優質廉價的商品，達成顧客消費單價4000日圓的成績。

該店家成功的另一項因素，便是品項深度與價格策略。品項深度不消說，自然是利用肉商直營的優點，提供豐富肉品；但飲料品項也十分充實。

飲料單有兩面，正面的大分類有「沙瓦」「無酒精飲料」，背面則是「梅酒」「燒酒」「日本酒＆馬格利酒」「生啤酒」「Hoppy（低酒精飲料）」。一看便知道，沙瓦的品項最有深度。

該店家每逢周末便有許多家庭光顧，因此沙瓦品項充實，可以滿足主婦需求。這便是T字的直條部分。飲料單背面則是上班族或爸爸們愛喝的酒。以這部分來說，很多人根本不用看飲料單就直接點，因此分類眾多，但品項較少，屬於T字的橫條部分。這就是分類變化性的範例。

至於價格設計上，老闆要使結帳的人能誇口說：「今天盡量點，我請！」該店最貴的單品僅為680日圓，所有餐點的單價也都刻意壓低。顧客對低價商店沒有警戒心，特別容易大點特點。最後每個人的花費通常不低，但都十分滿足。即使一個人花上4000日圓，依然會認為這家店賣得便宜。

◎ 實踐 T 行分類的飲料單範例

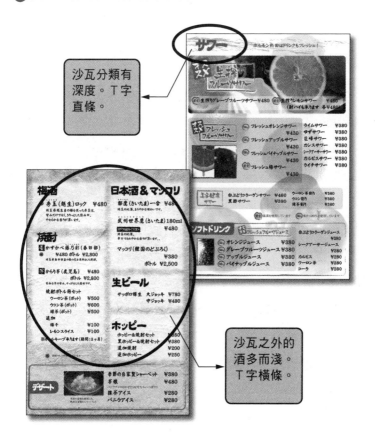

沙瓦分類有深度。T 字直條。

沙瓦之外的酒多而淺。T 字橫條。

思考價格之功能後才定價

以顧客觀點設定價格

日本餐飲店的菜單上經常可以看到「950日圓、930日圓、900日圓」之類的數字排列。商品之間的價差只有二、三十日圓（換算台灣消費水準約為兩三元台幣）。這麼微小的差距到底有何意義？

店家之所以設定如此小的差距，理由包括①成本不同②料理本身價值不同③讓顧客覺得有便宜一些。

這樣的價差對店家來說或許有意義，但對顧客來說則毫無意義。畢竟顧客不會了解料理成本，點餐時也不會考慮成本。雖然店家風格型態各有不同，但二、三十日圓的價差，對顧客毫無吸引力，甚至根本就不想注意。延伸來看，就算所有餐點價格相同，點餐數應該也不會增加。定價的鐵則是「減少對顧客毫無意義的價格項目」。

顧客如何決定貴或便宜？

以顧客的觀點來看，一家店是貴或便宜，取決於該店家的上限價格多少。因此在寫菜單時，要先設定上限價格；決

定店家的上限價格，再根據上限來規畫價格範圍。

📠價格的三種功能

價格的功能可分為以下三類。

> **價格的三大功能**
> ①價格必須使店家獲得利潤
> ②價格必須對顧客傳遞訊息
> ③價格必須對競爭對手傳遞訊息

其中①價格必須使店家獲得利潤，意指設定價格原則上必須產生利潤。當然也可能為了攬客，設定無利潤的價格，但整體來說依然是為了產生利潤，目的相同。

而②價格必須對顧客傳遞訊息，意指菜單上的商品價格設定可以對顧客傳遞訊息。例如價位設定較高的店家，不需員工說明，顧客自然也會期待「料理美味」「材料優質」「服務一流」之類。

最後是③價格必須對競爭對手傳遞訊息。你在調整自家菜單的時候，應該調查競爭對手的菜單，再決定自家價格。菜單價格可以傳遞訊息，表達店家的態度與方針。

小心會留在顧客心中的價格

變更價格時該注意什麼？

改變價格，尤其是漲價的時候，要小心「留在心中的價格」。顧客通常不會記住菜單上單品的價格，但會記住「這家店的餐點大多是600日圓吧」。

在變更價格時，必須注意價格是否會留在顧客心中。反過來說，若某些餐點不會留在顧客心中，也可以藉由改變價格來增加印象。

什麼價格會留在顧客心中

接著舉出具體範例，說明什麼樣的價格會留在顧客心中。

①顧客消費單價（支付金額）

如果每次都點一樣的餐，結帳時的價格（支付金額）卻比平常要高，顧客就會覺得「這家店變貴了…」。有些店家在調整菜單時，會刻意維持（或是降低）顧客消費單價，便是這個理由。

②熱門暢銷商品

接下來是點餐次數較多的商品價格。點餐名列前茅的料理會留在較多顧客的心中，因此熱門商品漲價時需要特別注意。反之，點餐數量較少的料理，也不太會留在顧客心中，是漲價候補。

③商品較多的價格帶

菜單中商品數量最多的價格帶，容易留在顧客心中。舉個誇張的例子，假設烤雞店有三十種烤雞，一串90日圓，而菜單總品項只有七十種，那麼顧客肯定會記住90日圓這個價格。

④最低價格&最高價格

最後就是最低價格與最高價格。最低價格與最高價格的價格區間，總是特別顯眼。畢竟任何人都會自動記住第一（或是倒數第一）。比方說「世界最高峰是聖母峰，第二高峰是哪一座？」人總是注意第一，而忽略第二。所以變動最低價格與最高價格時，要特別注意。

別在顧客心中留下壞印象

6-7 了解設定價格的竅門

📟 價格種類要少而明白

價格種類可多可少，但菜單價格的種類是越少越好。因為顧客無需花時間研究價位，也能減少店家結帳時出錯的機率。那麼價格應如何設定才好？

首先要遵守「8‧9法則」。例如價格尾數為「8」，感覺就是比較便宜。很多500日圓的餐點特地改成480日圓，便是如此。也有人改成490日圓的「9」，但日本人似乎對「8」較沒有警戒心。

附帶一提，美國餐飲店就很愛用「9」。美國很常看到99分、999元之類尾數9的價位。在美式連鎖店進駐日本之後，越來越多餐飲店受到影響，也開始用9為尾數。

📟 價格種類與上限、下限

一般人以感覺判斷商品或店家的價位，會受高價品與低價品的價差影響。最貴商品與最便宜商品之間的「價差」若是相距太寬，顧客就會迷惑，無法掌握概念。秘訣在於高低相差兩倍左右，也就是最貴商品與最便宜商品的價差為兩

倍。

假設為葡萄酒，價位便是3000日圓到6000日圓之間。如果最高到9000日圓，點3000日圓葡萄酒的人便會不夠滿意。因此價格設定重點就是「項目少」「價差小」。

📟價格明白，營業額加倍

接著介紹居酒屋P的範例，藉由簡單易懂的價格，獲得兩倍營業額。

該店家調整菜單之後，半年內營業額便提升了90%左右。之前星期天和午餐時間還要營業，現在周日可以公休，午餐不必開門，生意一樣興隆。

該店原本是「越南及泰式料理店」，營業額差強人意。於是我請店家痛下決心，改掉了越南及泰式的風格。

具體方法是重新架構概念，先從掌握賣點、差異性、宣傳重點開始。由於附近沒有以滷燉串炸為強項的店家，因此便把稱號改為「滷燉串炸」，並讓菜單淺顯易懂，串炸小菜一律130日圓。同時也實踐了6-4說明的T行分類，增加了串炸的深度，並且一概不使用折扣與折價券。

結果隔年七月的營業額，比去年十二月增加了190%。附帶一提，去年十二月每坪營業額為10萬日圓，隔年七月

達到每坪19萬日圓，十月更超過每坪20萬日圓。終於躋身
生意興隆的行列。

◉ 淺顯易懂的菜單修改範例

6-8 何種價格能取悅顧客，領先競爭對手？

🖩 領先競爭對手的定價方式

若不希望顧客以價位挑店家，關鍵在於「確實傳遞店家價值」。對其他產業來說，宣傳價值是理所當然，但餐飲業卻相當不擅長這件事。

日本餐飲店經常可以看到直接以價格為名的「3000日圓套餐」「4000日圓套餐」，但不建議如此做。這就像是在問顧客「要出3000？還是4000？」一樣。而「花套餐」或「松套餐」之類的抽象名稱也不夠妥當。

命名應該強調套餐的內容與賣點，例如「當季蔬菜配○○套餐」。

統一價格也是有效手段之一。比方說「套餐三選一全部3000日圓！」如此一來，無論選擇哪一項都是相同價格，顧客便不會以價格判斷，而會仔細研究套餐內容。「購物」原本就取決於內容，而非價格，符合購物原則也會更加滿意。價格相同，顧客重複上門的機率也會提高，因為相同價格有更多選擇。

📟成本率只要整體上適當就好！

如前所述，餐飲店鐵則之一，便是將FL成本（成本率＋人事費）控制在60%之內。不同風格或型態或許互有高低，但成本率大約都在30%左右；然而，這不代表每樣商品的成本率都要是30%左右。

有些店家認為總成本率為30%，便規定所有菜色的成本率都是30%，也就是成本只考慮店家而不考慮顧客。

正確方式應該是從顧客觀點出發，思考每一項商品的價錢是否迷人？是否適當？例如旋轉壽司或燒肉店，各項商品成本從10%到60%～70%都有。甚至還有成本率100%的商品（進價＝售價）。清楚區分攬客商品、賺錢商品、推銷商品，整體成本率適當即可。這種方式稱為「混合毛利」。

「七三」法則

目前有所謂的「帕雷托法則」或稱「八二法則」，認為世上一切皆是原因占兩成，結果占八成。

例如「兩成顧客創造八成營業額」或是「兩成商品創造八成銷售額或利潤」。

但就我個人經驗來說，日本餐飲業應該適用「七三法則」。亦即「三成顧客創造七成營業額」或是「三成商品創造七成銷售額或利潤」。根據我長年分析無數餐飲店的結果，幾乎都是如此。反過來說，營運時要先掌握的關鍵就是「哪三成顧客提供七成營業額？」「哪三成商品創造七成銷售額或利潤？」

這當然不能靠直覺與偏見，必須以「資料」判讀；通常看了資料才發現直覺與偏見都是錯的。因此就商品來說，受歡迎又能賺錢的皆大歡喜商品，就是那三成。如何讓這三成商品更加熱賣，比例更加提升，才是增加營業額與利潤之道。

餐飲店數字
所用的表格

掌握基本數字，並填入自家的數字

餐飲店數字基本表

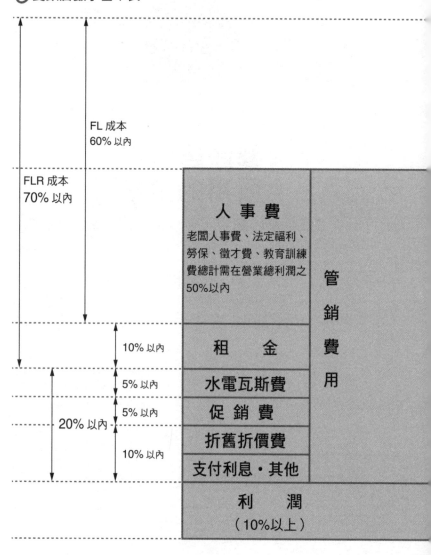

FL 成本
60% 以內

FLR 成本
70% 以內

人事費
老闆人事費、法定福利、勞保、徵才費、教育訓練費總計需在營業總利潤之50%以內

管銷費用

10% 以內 　租　　金

5% 以內 　水電瓦斯費

5% 以內 　促 銷 費

20% 以內

10% 以內 　折舊折價費

支付利息・其他

利　　潤
（10%以上）

成本	經費	營業額
毛利	（90%以內）	
	利潤（10%以上）	

餐飲店數字基本表（格式）

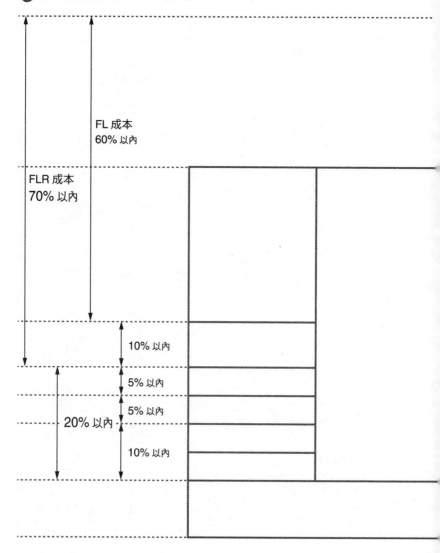

FL 成本
60% 以內

FLR 成本
70% 以內

10% 以內

5% 以內

5% 以內

20% 以內

10% 以內

※首先寫入目前的數字，再計算各項目之比例；其次，填入目標之數字與比例，便可清楚
　看出差距。請按差距擬定策略。

◎食物成本表格式

材料名																		
10g單價																		

※左方直欄填入菜色名，上方橫欄填入材料名。

																	成本總計	售價	成本率

◎ 邊際利潤

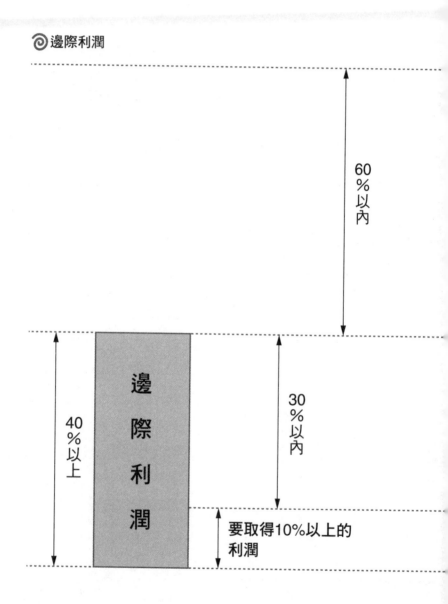

60
％
以
內

40
％
以
上

邊
際
利
潤

30
％
以
內

要取得10%以上的
利潤

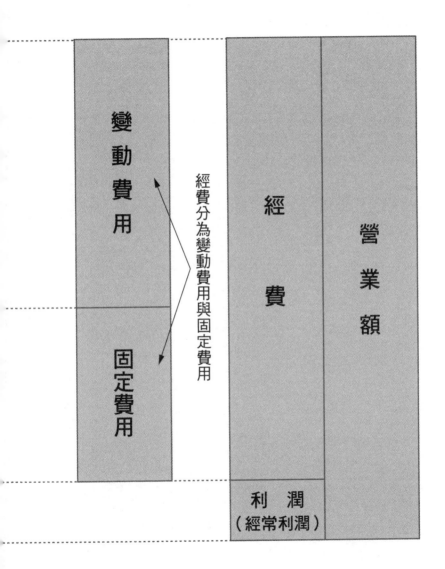

◎ 資產負債表

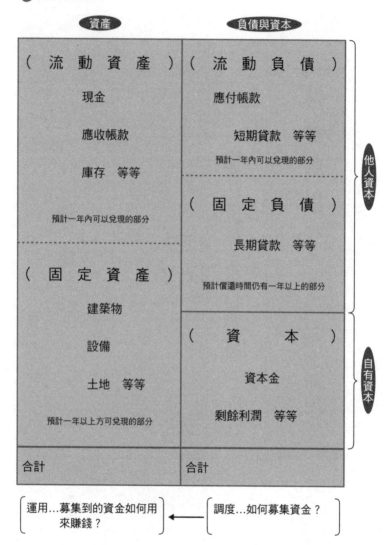

◎ 損益表

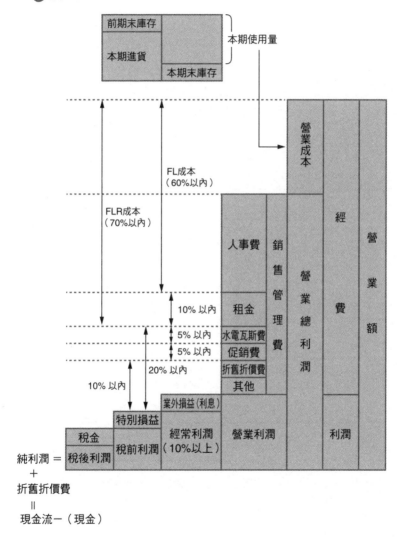

◉ 資產負債表格式

(　　　　　　　　　　)	(　　　　　　　　　　)
	(　　　　　　　　　　)
(　　　　　　　　　　)	(　　　　　　　　　　)
合計	合計

[運用…募集到的資金如何用 來賺錢？] ← [調度…如何募集資金？]

※營利事業經營者可填寫此表分析經營比例

186

◎ 損益表格式

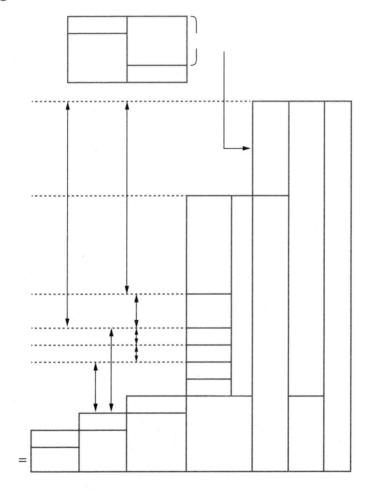

◎ 數字化型態策略表

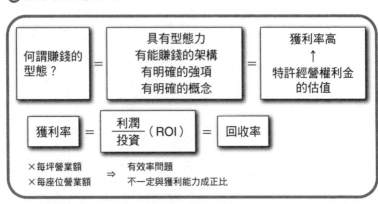

何謂賺錢的型態？	＝	具有型態力 有能賺錢的架構 有明確的強項 有明確的概念	＝	獲利率高 ↑ 特許經營權利金的估值

$$獲利率 = \frac{利潤}{投資}（ROI）= 回收率$$

×每坪營業額
×每座位營業額 ⇒ 有效率問題
不一定與獲利能力成正比

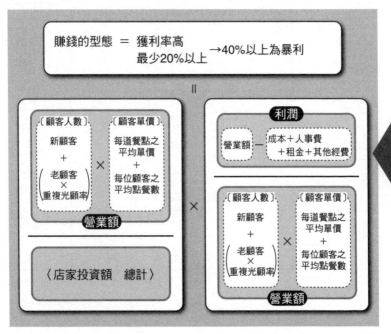

賺錢的型態 ＝ 獲利率高
最少20%以上 →40%以上為暴利

＝

〔顧客人數〕 〔顧客單價〕
新顧客
＋
(老顧客
×
重複光顧率) × (每道餐點之平均單價
＋
每位顧客之平均點餐數)
營業額

〈店家投資額　總計〉

利潤

營業額 － (成本＋人事費
＋租金＋其他經費)

×

〔顧客人數〕 〔顧客單價〕
新顧客
＋
(老顧客
×
重複光顧率) × (每道餐點之平均單價
＋
每位顧客之平均點餐數)
營業額

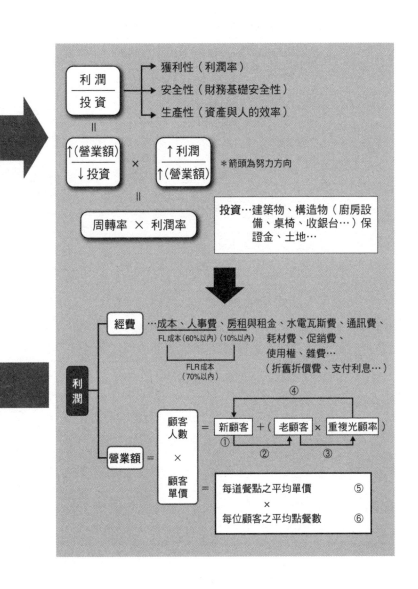

國家圖書館出版品預行編目資料

餐飲店的賺錢數字：好手藝、好服務還要懂算術，
讓你點「食」成金的42堂數字管理課／河野祐治
著；林欣儀譯. -- 二版. -- 臺北市：臉譜，城邦文
化出版：家庭傳媒城邦分公司發行, 2019.11
面；　公分. --（企畫叢書：FP2231X）
ISBN 978-986-235-786-6（平裝）

1. 餐飲業管理

483.8   108016788